Rudolf Diesel

Theorie und Konstruktion

Rudolf Diesel (1859–1913)

Foto nach einem Gemälde um die Jahrhundertwende.
Foto: Historisches Archiv MAN Nutzfahrzeuge GmbH.

Rudolf Diesel

Theorie und Konstruktion eines rationellen Wärmemotors zum Ersatz der Dampfmaschinen und der heute bekannten Verbrennungsmotoren

Einführung zur Reprintausgabe
Siegfried J. Meurer

KLASSIKER DER TECHNIK

VDI VERLAG

CIP-Kurztitelaufnahme der Deutschen Bibliothek

Diesel, Rudolf:
Theorie und Konstruktion eines rationellen Wärmemotors zum Ersatz der Dampfmaschinen und der heute bekannten Verbrennungsmotoren/Rudolf Diesel. – Erstmaliger Reprint d. Ausg. Berlin, Springer, 1893./Einf. zur Reprintausg. Siegfried J. Meurer. – Düsseldorf: VDI-Verlag, 1986
(Klassiker der Technik)

ISBN 3-18-400723-5

Erstmaliger Reprint der Ausgabe von 1893, erschienen im Verlag Julius Springer, Berlin.
Die Einführung schrieb Prof. Dr.-Ing. Dr.-Ing. E. h. Siegfried J. Meurer, D. techn. h. c. Univ. Loughboro., Kreuth.
Bildquellen: Deutsches Museum, München, Historisches Archiv MAN Nutzfahrzeuge GmbH, München.

Die Reihe „Klassiker der Technik" wird von C. G. Schmidt-Freytag betreut.

Gesamtherstellung: Weihert-Druck GmbH, Darmstadt.
ISBN 3-18-400723-5

Einführung

Rudolf Diesel – Mensch und Forscher

Von Siegfried J. Meurer

Rodolphe Chrétien Charles Diesel wurde am 18. März 1858 in der Rue Notre Dame de Nazareth 38 in Paris geboren. Diese Tatsache lenkt die Gedanken zurück in eine Zeit, als der Name Diesel kaum jemandem bekannt war im Vergleich zu unseren Tagen, in denen dieser Name, losgelöst von dem Menschen, der ihn trug, ein Sachbegriff geworden ist, ein Sachbegriff wie Watt, Otto, Newton, Joule, Ohm und andere mehr, die heute von Tausenden täglich benutzt werden, aber wer denkt dabei schon an die Menschen, denen diese Namen gehörten.

Die Entpersönlichung der Namen berühmter Männer, die die Nachfahren vornehmen, ist sonderbarerweise die höchste Anerkennung, die die Nachwelt einem Großen zuerkennt, obwohl es doch für die betroffenen Menschen als ein Verlust erscheinen muß und sicherlich auch ist. Denn prüfen wir uns selbst, wer von uns kennt das Leben dieser Menschen und weiß von ihrem Schicksal und wer fragt überhaupt danach. Sicherlich, ein Student des *Rudolf-Diesel-Polytechnikums* weiß, wer Diesel gewesen ist. Aber wenn man ihn fragt, ob Ohm ein Name wäre, dann wird er vielleicht antworten: Nein, Ohm ist ein Maß für den elektrischen Widerstand.

Rudolf Diesel ebenso wie die obengenannten Männer und andere haben die Welt durch ihre Ideen und Schöpfungen verändert. Sie sind Glieder einer sich immer wieder ergänzenden Kette schöpferisch begabter Menschen in dem Strom der Menschheit, der seit Jahrtausenden über diese Welt zieht. Wenige sind es gewesen, die die Menschheit Schritt für Schritt auf allen Gebieten voranbrachten und den Wandel vom jeweils gegenwärtigen zum neuen hervorriefen. Beginnend von der ersten Erprobung eines Heilkrautes bis zu den Antibiotikas, vom ersten Rad zum Automobil, vom ersten Steinbeil zur Laserschneidmaschine, vom ersten Holzfeuer zur Kernspaltung und der Kernfusion, von der ersten Zahl zur mathematischen Logik, vom ersten Moralgefühl zu den Religionen dieser Welt, von dem ersten Gedanken überhaupt zu dem unendlichen Ideenbesitz dieser Menschheit.

Aber die meisten Glieder dieser langen, langen Kette von besonders schöpferischen Menschen sind vergessen, ihre Namen und ihre Taten verweht. Niemand kann sagen, was sie gedacht und getan, erlebt und erlitten haben, obwohl sie die Stufen mitschafften, auf denen die Menschheit aufsteigen konnte. Jede Idee, einmal gedacht und zur Realität geworden, ist in unserer Wirklichkeit eingeschlossen. Denn das eine hat immer stattgefunden, nämlich daß sich die jeweils lebende Menschheit der meisten Ideen bereitwilligst bemächtigt hat und all dessen, was der schöpferische Geist in seinem Schaffensdrang realisierte. Gedanken und Sachen blieben, aber nicht der Mensch. Ich glaube, daß alle, die ihr Berufsleben in Diesels Gedankenwelt verbrachten und deren Weite gespürt haben, dabei nicht nur an den gleichnamigen Motor denken sollten, sondern vor allem an den Menschen Rudolf Diesel – und das möchte auch ich tun. Aber lassen Sie mich zunächst einige allgemeine Bemerkungen über das Schöpferische machen.

In unserer wirtschaftlichen Lage ist der Schrei nach Innovation, d. h. nach Ideen, die helfen können, überall zu vernehmen. Man kennt kein wirksameres Mittel, die Konkurrenzfähigkeit auf dem Weltmarkt und auch auf dem Inlandsmarkt wieder zu beleben und die Produktion anzukurbeln, als solche neuen Ideen. Denn es zeigt sich immer mehr, daß die technisch älteren Produkte, deren Markt schon eine Sättigungsgrenze erreicht hat, auch bei Verbesserungen nicht mehr in der Lage sind, eine länger anhaltende Belebung in größerem Umfang auszulösen. Dies gilt für alle Gebiete, und deshalb kann eine Innovation ebenso aus einer Erschließung neuer Arbeitsmärkte oder Materialquellen bestehen bis hin in die Einführung neuartiger Kreditsysteme sowie neugestalteter Arbeitsordnungen oder Sozialsysteme. Über die positive Wirkung von echten Innovationen auf die Konjunktur sind sich die Nationalökonomen völlig einig, aber vor einer Innovation steht die Invention, d.h. die Erfindung, die schöpferische Idee, und dazu braucht man den schöpferisch begabten Menschen, der auch die Willensstärke hat, seine Idee gegen den Widerstand des bestehenden durchzusetzen. Aus welchem Holz diese Menschen geschnitzt sein müssen, was sie zu leisten haben und erdulden müssen, kann man später aus ihren Schöpfungen, wenn diese ihre endgültige Form, wie wir sie kennen, erreicht haben, nicht mehr ablesen, sondern nur aus ihrem Leben selbst. Die Geschichte großer systemändernder Erfindungen hat gezeigt, daß diese von ihrer ideenmäßigen Entstehung bis zu ihrem marktreifen Erfolg im täglichen Leben im Mittel 30 Jahre brauchen. Das sind die Jahre, in denen der Erfinder durch ein seelisches Fegefeuer des Gewinnens oder Verlierens, des Hoffens oder Verzweifelns geht. Eine Zeit, die nur ungemein starke Menschen mit hohen menschlichen Qualitäten zu meistern vermögen. Ein großer Teil der Erfinder scheitert leider in dieser Innovationsperiode; er scheitert häufiger menschlich als ideenmäßig.

Aus dem Leben und der Verhaltensweise von Erfindern kann man sicherlich Wesensmerkmale und Begabungen ableiten, die für eine wahrscheinliche Fähigkeit zum kreativen Denken charakteristisch sind. Es gibt ja viele Menschen, die selbst von ihrer kreativen Begabung nichts wissen, teils weil sie mit einer Ausbildung in korrespondierender Richtung nicht in Berührung kamen, teils weil ihnen in ihren Lebensumständen die Anregung fehlte. Viele Künstler sind dafür Beispiele, aber auch Ingenieure, Otto beispielsweise, der Erfinder des 4-Takt-Motors, war von Haus aus nicht Ingenieur, sondern Kaufmann. Erst mit fast 30 Jahren begann er mit Lenoir-Gasmaschinen zu experimentieren, die er auf seinen Verkaufsreisen kennengelernt hatte. Es gibt viele große Sänger, die zunächst in einem ganz anderen Beruf ausgebildet und tätig waren, die dann erst in mittlerem Alter auf ihre stimmliche Begabung aufmerksam gemacht wurden und zu Künstlerruhm kamen. Die ganz großen Begabungen aber zeigen sich schon in jungen Jahren und setzen ihre Träger unter einen starken inneren Druck, diesen ihren Begabungen zu dienen. Rudolf Diesels Lebensablauf ist dafür ein Beispiel.

Das Verhalten Rudolf Diesels in seiner frühen Jugend, d.h. mit 12 Jahren läßt schon sein klares Urteil über seine persönliche Situation erkennen, die für die Erfüllung seiner von ihm noch nicht deutlich erfaßten Lebensaufgabe infolge der in ihm schlummernden Begabung denkbar ungünstig war. Rudolf Diesels Eltern hatten während ihres gesamten Lebens wirtschaftlich immer sehr zu kämpfen. Der Vater betrieb in Augsburg eine Buchbinderei, die sehr wenig abwarf. Die neu erstandenen Eisenbahnen machten die Menschen aber sehr viel mobiler, als die Transportmöglichkeiten der Vergangenheit es tun konnten. So konnte 1850 der Vater Rudolf Diesels, Theodor Diesel, ohne Schwierigkeiten nach Paris auswandern, um in dieser Großstadt – Paris hatte damals schon fast 2 Mio. Einwohner – sein Glück besser versuchen zu können. Er gründete dort einen kleinen handwerklichen Betrieb für Saffian-Lederwaren, aber auch dieser erfüllte nicht seine wirtschaftlichen Hoffnungen. In Paris heiratete er die Nürnbergerin Elise Strobel, und 1858 wurde den Diesels als zweites Kind ihr Sohn Rudolf oder damals Rodolphe geboren. So wäre Rudolf Diesel fast ein Franzose geworden, wenn es nicht später, als die Eltern nach dem deutsch-französischen Krieg wieder in Paris lebten, den immer dringender ausgesprochenen Bitten des jungen Diesels gelungen wäre, das frühere Heimatrecht der Eltern in Bayern wieder aufleben zu lassen. Niemals aber hätte ein gebürtiger Deutscher in Frankreich die Unterstützung erfahren, die – wie wir später sehen werden – Rudolf Diesel brauchte, um das zu werden, was er dann wirklich wurde.

Rudolf Diesel besuchte in Paris eine protestantische Schule. Er fiel besonders wegen seiner hohen Begabung auf und wurde bald Klassenerster. Später erhielt er sogar wegen ausgezeichneter Leistungen im Zeichnen schon als 12jähriger eine Bronzemedaille.

Paris war eine Stadt, die der modernen Technik sehr aufgeschlossen war. Es ist verständlich, daß der junge Rudolf dort viele Anregungen in technischer Richtung erhielt. Der Krieg 1870/71 hatte zunächst für die Deutschen in Paris keine nachteiligen Folgen, aber nach der französischen Niederlage bei Sedan wurden selbst die Diesels als bayerische Staatsangehörige ausgewiesen, obwohl Bayern oftmals in der Vergangenheit mit Frankreich liiert war und deshalb die Bayern weit beliebter waren als die Preußen. Die Diesels flohen nach London, Diesels Mutter war früher eine Zeitlang in London gewesen. Es war jedoch ungemein schwer, dort eine tragbare wirtschaftliche Basis zu finden, und deshalb folgten die Eltern gern dem Rat eines Onkels in Augsburg, wenigstens ihren kleinen Sohn Rudolf nach Augsburg zu schicken. Dies geschah, und Rudolf wurde in Augsburg in der Familie des Mathematikprofessors Barnickel und seiner Frau aufgenommen. Es war ein Beweis der Wendigkeit und Intelligenz des zwölfeinhalbjährigen Rudolf Diesel, daß er die achttägige, damals in Kriegszeiten verkehrsmäßig recht komplizierte Reise allein erfolgreich durchzuführen in der Lage war.

Obwohl Rudolf Diesel noch ein Kind war, hatte er sich doch schon viele Gedanken über die Ursachen der wirtschaftlichen Schwierigkeiten seiner Eltern gemacht. Aus diesen Überlegungen erkannte er, daß nur er allein und ohne fremde Hilfe durch Lernen, Arbeiten und Selbstzucht seine Armut und Abhängigkeit würde beseitigen können. Mit aller Konsequenz handelte er danach. Wenige Wochen nach seiner Ankunft in Augsburg hatte sich sein lückenhaftes schlechtes Deutsch orthographisch und ausdrucksmäßig in einwandfreie Schrift und Sprache umgewandelt. Durch unermüdliches Arbeiten schaffte er es, daß er in seiner Klasse der Königlichen Kreisgewerbeschule in wenigen Wochen von Anfang November bis zu Weihnachten 1870 zu den besten Schülern zählte und sich bei seinen Eltern sogar noch entschuldigte, daß er noch nicht nur Einser in seinem Zeugnis vorweisen konnte.

Zweifellos – Rudolf Diesel war hochbegabt. In welcher Richtung aber seine Begabung lag, war damals weder ihm noch seinen Lehrern erkennbar. Sein konsequentes Zielbewußtsein und sein Fleiß aus sich selbst heraus ohne äußeren Druck war schon erstaunlich, vor allem bei einem so jungen Menschen. Seine Pflegeeltern waren wohl streng, hatten aber doch auch viel Verständnis für ihre drei jungen Zöglinge, die wie Diesel in ihrer Familie lebten und die manchen Streich ausheckten. Sie haben nie Druck in Richtung eines Strebertums ausgeübt und der junge Diesel fühlte sich in Augsburg endlich unbeschwert und sorgenfrei, wie er oft seinen Eltern nach Paris berichtete. Für seine Umwelt wirkte er etwas scheu, aber in seinem Inneren beherrschte ihn schon ein ausgeprägtes Selbstbewußtsein, das aber selten hervortrat. Dieses Verhalten des jungen Diesel muß man wohl als ein frühes Kennzeichen für einen kreativen Menschen ansehen, der sich unbewußt, ohne daß ihm selbst seine Berufung schon gegenwärtig ist, für sein späteres Verhalten vorbereitet, das die Erfüllung seiner Berufung erfordert.

Anregung in Richtung auf die Technik hatte er schon frühzeitig durch seine Aufenthalte in Paris und London erhalten. Das Paris, das der junge Rudolf Diesel erlebte, war jedem technischen Fortschritt aufgeschlossen und Frankreich spielte in dieser Beziehung eine führende Rolle. Ferdinand de Lesseps hatte 1869 den Suezkanal vollendet. Der Luftballon, in Frankreich erfunden, wurde bei der Belagerung von Paris 1870/71 als Transportmittel für Post und Menschen über die deutschen Linien hinweg eingesetzt, was weltweit sehr bewundert wurde. Eine weitere weltweite Sensation war auch die Beleuchtung der Ebene von Genevilliers für einen nächtlichen Ausfallversuch aus dem belagerten Paris durch elektrische Scheinwerfer, die von einem großen dampfgetriebenen Grammegenerator gespeist wurden. Trotz des militärischen Mißerfolges dieses Ausfallversuches spielte für den Ruhm Frankreichs diese technische Großtat eine beträchtliche Rolle und begeisterte die Menschen, vor allem so junge wie Rudolf Diesel. Lenoir baute damals seine Gasmotoren, es gab Heißluftmotoren, man diskutierte über die Ablösung der Dampfmaschine, über elektrisches Licht in den Häusern statt Gaslicht, obwohl das Gaslicht auf den Boulevards Paris den Namen *ville lumière* eingebracht hatte. Es gab sogar schon ein technisches Museum, das *Conservatoire des Arts et Métiers*, das der junge Diesel oft besuchte, ebenso wie später das South Kensington Museum, als er mit seinen Eltern nach London geflohen war. Es war die Zeit des allen Zeitgenossen verständlichen und erklärbaren technischen Fortschritts, für den später Rudolf Diesel eine so bedeutende Rolle spielen sollte. Er mag davon geträumt haben, auch einmal etwas Großes zu vollbringen – welcher Junge mit 12 Jahren tut so etwas nicht –, aber zunächst entstand in ihm die geistige und charakterliche Grundlage für sein späteres schöpferisches Werk. Warum und wieso in ihm, niemand kann das beantworten. Seine Vorfahren lassen nichts in dieser Beziehung erkennen; sie waren Handwerker verschiedenster Art, Tuchmacher, Kanzleiboten, Buchbinder, ohne eine unmittelbare Beziehung zur Technik.

Um was es uns hier in der Erkenntnis der Bedeutung der Kreativität gehen soll, ist, ich deutete es schon an, aus dem Lebenslauf von Männern wie Rudolf Diesel Hinweise auf die erforderlichen Anlagen für ein kreatives Denken abzuleiten. Kreative Menschen sind für eine Industrienation ein zukunftsentscheidender Besitz. Wie man die Ausnutzung der Kreativität, ihre Überführung ins wirtschaftliche, soziale oder politische Leben steuert, d.h. die Wegbereitung für neue Ideen ist eine andere Sache. Beides, die kreativen Menschen *und* die Einführung ihrer Schöpfungen sind entscheidend für das wirtschaftliche Geschehen in der Vergangenheit gewesen, und sie werden es noch mehr für die Zukunft sein. Was die kreativen Menschen betrifft, ist es eine interessante Erfahrung, daß viele Menschen zwar gute Ideen haben, aber ganz im Gegensatz zu Diesel nicht im Stande sind, die zu ihrer Verwirklichung notwendigen Voraussetzungen zu schaffen. Vielfach sind Erfinder lebensfremd und sie brauchen Hilfe außerhalb ihrer Erfinderwelt. Bemühungen, diese zu organisieren, werden heute schon gemacht – ich erinnere nur an die Tätigkeit der Erfinderverbände, der Fraunhofer-Gesellschaft, der Finanzierungsgesellschaften der Banken und einer Reihe anderer Institutionen.

Auch die Psychologen haben sich mit dem Problem der menschlichen Kreativität beschäftigt. Matussek, ein Psychoanalytiker unserer Zeit, stellt fest: *Schöpferisch sein ist nicht ein Merkmal ganz weniger großer Geister, sondern ein Kennzeichen vieler, ja letztlich eines jeden Menschen, nur Grad und Bereich der Kreativität sind verschieden. Die meisten könnten schöpferischer sein als sie sind, denn Kreativität hängt nicht eindeutig von der Erbmasse, noch primär von der Umwelt und Erziehung ab; sie ist in erster Linie das Produkt des eigenen Ichs. Im Grunde braucht man sich nur selbst zu erkennen, um festzustellen, daß man noch nicht sein Bestes gibt. Nur wo die Aktivitäten des Ichs ergänzt und vollendet werden durch das Empfangenkönnen des schöpferischen Selbsts, wird Kreativität über das ganze Leben gewährleistet, vor allem aber garantiert dieses Selbst – stets stärker als das Ich – die wirkliche individuelle Entfaltung des eigenen Daseins. Das, worin der Einzelne durch keinen anderen ersetzt werden kann, ist dieses sein Selbst.*

Zumindest ein Ingenieur kann daraus noch nicht viel entnehmen, obwohl er, besonders wenn er ein guter ist, sein Selbst oft erlebt hat. Jeder Künstler oder Forscher weiß, daß zu seiner eigenen Aktivität, zur Entstehung eines neuen Gedankens noch etwas hinzukommen muß, eine Eingebung, ein Geistesblitz, nicht etwa wenn man ihn haben will, sondern ungerufen plötzlich bei ganz profanen Arbeiten, wie beim Rasieren oder beim Rasenschneiden. *Man erhält dabei plötzlich etwas geschenkt, was nicht von dem bewußten Ich kommt, aber auch nicht von außen.*

Der Mensch besitzt offenbar in seinem Gehirn einen Teil, der unabhängig von dem Ich, das allen äußeren Reizen ausgesetzt ist, ungestört und ohne Befehl denkt, dann aber das Ergebnis dem Bewußtsein übermittelt. Matussek nennt diesen Teil *das Selbst,* zu dem das Ich keinen willensmäßig gesteuerten Zugang hat und das hören zu können eine besondere Gabe des Schöpferischen ist.

Aus diesen Aussagen von Matussek scheint mir auf Rudolf Diesel gut der Begriff des größeren Selbst zu passen. Diesel hat das größere Selbst gehabt und den Zugang zu ihm. Dort konnte sein Ich, das von so vielen Turbulenzen, Höhen und Tiefen seines Lebens hin und hergerissen wurde und damit übermenschlichen Belastungen ausgesetzt war, die geistige Kraft erhalten, um den Widerstand in der Sache durch diese Kraft zu überwinden. Hier mag auch der geistige Druck seinen Ursprung gehabt haben, den seine Zeitgenossen im Verkehr mit ihm fühlten und darüber berichteten.

Wir haben seinen Lebenslauf verlassen, als er in Augsburg die Gewerbeschule besuchte und dann mit 15 Jahren die Schlußprüfung dieser Schule bestand, wie er es sich vorgenommen hatte, als bester Schüler. Mit einer für sein Alter überraschenden Zieltreue war er seiner organisierten Zukunft gerecht geworden. Dieser Ausdruck, die Zukunft organisieren, war typisch für ihn. Er benutzte diese Formulierung später sehr häufig. Sie entsprach seinem Wesen. Er überließ nichts dem Zufall.

Mit der bestandenen Prüfung hatte er den ersten Schritt in seiner Planung verwirklicht und glaubte, damit seinen Eltern die Erlaubnis abringen zu können, Mechaniker zu werden, oder in unserer heutigen Ausdrucksweise Ingenieur. Dieser Planung entsprang aber ein ernster Konflikt mit seinen Eltern, deren Ziel es war, ihn möglichst bald zu einem Verdienst kommen zu lassen. Der junge Diesel hing, wie aus vielen Briefen hervorgeht, rührend an seinen Eltern, obwohl seine Eltern erst sehr spät die Größe seiner Persönlichkeit erkannt haben und ihm eher ein Hemmnis gewesen sind als eine Unterstützung. Er bedauerte aus ganzem Herzen die Trennung von seinen Eltern, die nach einem kurzen Aufenthalt in London nach wie vor in Paris ihr Leben fristeten. Als aber nun durch die Saumseligkeit seines Vaters in der Sicherung der bayerischen Staatsangehörigkeit und die völlig anderen Berufswünsche seiner Eltern seiner organisierten Zukunft ein bedeutsames Hindernis entstand und er keine Hoffnungen sah, dafür von seinen Eltern eine finanzielle Unterstützung zu erhalten, ließ er nicht sein Ziel fallen, sondern – ganz im Gegenteil – mobilisierte er gegen den Willen seiner Eltern alle seine Kräfte nur noch mehr in Richtung auf seine Ingenieurausbildung. So stark war schon in dem 15jährigen die Zielstrebigkeit und der stets gegenwärtige Druck, seiner Berufung zu folgen.

In den folgenden Jahren drückte Diesel seine Abhängigkeit und Mittellosigkeit nun wieder sehr, aber um so kompromißloser folgte er den Maximen seiner organisierten Zukunft. Glänzende Prüfungen brachten ihm das so heiß ersehnte Stipendium für die erste Zeit seines Ingenieurstudiums. Der Unterricht durch berühmte Professoren der Technischen Wissenschaften in der 1868 neu erstandenen Technischen Hochschule München faszinierte ihn, besonders das Kolleg von Professor Carl von Linde, der den Studenten u.a. den niedrigen thermischen Wirkungsgrad der existierenden Wärmekraftmaschinen, vor allem der Dampfmaschine vorrechnete und begründete. Die Tatsache des niedrigen Wirkungsgrades regte Diesels Denken auf das äußerste an. Die Suche nach einer besseren motorischen Lösung tauchte nun in Diesels Gedankenwelt immer öfter auf. Der Carnot-Kreisprozeß für die beste Wärmeausnutzung war ihm schon damals ein fundamentaler Begriff, um dessen praktische Verwirklichung in Verbindung mit seinen Motorenüberlegungen sein Geist zu ringen begann. Mit 21 Jahren – 1879 – hat er sein Studium abgeschlossen mit dem besten Examensergebnis seit der Gründung der Technischen Hochschule München. Er hatte es allein geschafft mit Hilfe der Stipendien, die er wiederholt aufgrund seiner außerordentlichen Leistungen erhalten hatte. Nun war er Ingenieur und Carl von Linde beeilte sich, ihn für den Aufbau von Eisfabriken in Frankreich zu gewinnen. So erfolgreich er auch auf diesem Gebiet war, die Idee, einen sparsamen Motor zu schaffen, beherrschte sein Denken in jeder freien Minute. Zunächst arbeitete er mit der ihm eigenen Konzentration an einem Ammoniak-Dampfmotor. Seinem Wesen entsprechend machte er sich zunächst übertriebene Hoffnungen über die Möglichkeiten dieses neuen Weges. Das sollte sich in seinem Leben immer wieder in ähnlicher Weise abspielen und war typisch für sein Ich. Aber sein stärkeres Selbst führte ihn immer wieder auf seine Berufung zurück, so auch hier.

Als Carl von Linde ihn 1889 nach Berlin berief, war die Abkehr von seinem Ammoniak-Motor innerlich schon vollzogen, und er begann bald darauf das Gedankengebäude aufzubauen, das dann zum Dieselmotor führte. Sein Ziel war niemals, den Ottomotor zu verbessern. Er hatte erkannt, daß dieses Verfahren aufgrund der Klopfgrenze niemals geeignet sein konnte, den Carnotprozeß zu realisieren. Diesel konnte nur Luft als arbeitendes Medium brauchen und seine Idee der Selbstzündung schrieb ihm viel höhere Verdichtungsdrücke vor, als Otto sie jemals für seinen Gasmotor ins Auge fassen konnte und gefaßt hat. Viele Vorstellungen Diesels waren damals noch nebelhaft, aber nun hatte Diesels geistiges Arbeitsvermögen wieder ein Ziel und er fühlte sich enthusiastisch „reif zur geplanten Tat", wie er an seine Frau schrieb.

In solchen Schaffensperioden seines Lebens arbeitete er mit einer enormen Arbeitswut bis zur Erschöpfung. Neben seinen motorischen Gedanken mußte er ja damals noch nach wie vor Kühlanlagen berechnen, entwerfen, herstellen lassen und in Betrieb nehmen. Nach Lindes Zeugnis leistete er Ausgezeichnetes.

Am 27. Februar 1892 war es dann soweit: Er meldete sein erstes Patent mit dem Titel *Neue rationelle Wärmekraftmaschine* an. Die Erteilung erfolgte nach Überwindung großer Schwierigkeiten am 23. Februar 1893. Aber was bedeutete schon das Patent, gebaut mußte der Motor werden, und das konnten damals nur einige wenige Fabriken. Diesel mußte die M.A.N. gewinnen, Krupp oder Sulzer. Nur solche Firmen waren in der Lage, die Kosten für den Bau des Motors und dessen Entwicklung auf dem Prüfstand aufzubringen. Er mußte auch Männer wie Butz, Vogel, Lindner, Lauster und andere zum Glauben an seine Sache bringen – und auch das gelang ihm.

Diesel war seiner Arbeitsweise nach ein Denker, und seine Gedankenflut hob ihn nur zu oft weit über die Mißhelligkeiten durch die in seinen Augen mangelnde Folgsamkeit der – wie wir heute sagen – Hardware hinweg. Gedanklich war er immer viel weiter. Das geht aus dem Titel seines 1893 erschienenen Buches *Theorie und Konstruktion eines rationellen Wärmemotors zum Ersatz der Dampfmaschinen und der heute bekannten Verbrennungsmotoren*, d. h. auch des Otto-Motors hervor. Zum Ersatz des Otto-Motors ist es bis heute nicht gekommen. Wir wissen heute, es ist nicht nur die Aussage der Thermodynamik allein, die für die praktische Verwendung einer Motorenart entscheidend ist.

Man kann sich vielleicht nachträglich darüber wundern, daß Diesel bei all seiner Klugheit jede konstruktive Änderung an dem Versuchsmotor oder jede neue Verwendungsmöglichkeit seines Motors zunächst enthusiastisch als die ideale, alle Probleme beseitigende Lösung ansah. Ich denke z. B. an Motoren für Automobile, Flugzeuge und Luftschiffe. Die Hardware war für ihn immer sekundär. Er war überzeugt, daß die Schärfe der Gedanken die Hardware dahin zwingen könne, wohin man sie haben wolle. Die Kraftquelle, die er brauchte und hatte, um die unzähligen Enttäuschungen immer wieder seelisch zu überwinden, war die Überzeugung von seiner Berufung und die Unerschöpflichkeit seiner Gedankenwelt und in letzterer war er kein Phantast, sondern ein bestens geschulter klarer Denker. Dort lag auch die Quelle seiner Überzeugungskraft, mit der es ihm 1892 gelang, also ohne schon einen praktischen motorischen Nachweis für die Durchführbarkeit seiner Idee zu haben, eine erste Basis für seinen Motor zu schaffen. Er gewann die Mitarbeit der M.A.N. und von Krupp, eine Leistung des 34jährigen Diesels, an der außer seiner technischen Überzeugungskraft auch seine geschäftlichen Erfahrungen in der Eismaschinenbranche und seine bestechenden Umgangsformen teilhatten.

In den nun folgenden Jahren hatte Diesel an vielen Fronten zu kämpfen, die konstruktive Gestaltung seines Motors nur mit einer vagen Vorstellung von der erforderlichen Wirkungsweise der einzelnen Elementen, z. B. der Einspritzung, des Kolbens und der Brennraumgestaltung, ja ohne selbst den geeigneten Kraftstoff zu kennen, war für Diesel, der wie viele kreative Menschen an zu vielen Ideen litt, eine Aufgabe, die ihm nicht sehr lag. Für ihn hatte nicht der Motor recht, sondern seine ideenmäßige Vorstellung. Durch diese Art wurde er das Opfer von Trugschlüssen, was ihn entmutigte und was er als geistige Niederlage empfand.

Sein Ich war empfindlich. Die Kämpfe um seine Theorie und die tatsächliche Arbeitsweise seines Motors, um den Bestand seiner Patente – Namen wie Otto Köhler, Emil Capitaine, Johannes Lüders wurden zum Alpdruck für ihn – gegen den Wankelmut seiner Partner hinsichtlich des endgültigen Erfolges zehrten an seinen physischen Kräften und ließen ihn zwischen himmelhoher Begeisterung und tiefer Melancholie schwanken. Aber das war nur sein Ich. Das Selbst solcher Menschen – und darin hat die Analyse Matusseks sicher recht – ist immer stärker als das Ich und ebnet die Schwankungen des Ichs zur kühlen Gelassenheit ein, die die spürbare Aura einer großen Persönlichkeit entstehen läßt. Seine Sicherheit aufgrund seiner inneren Überzeugung und die glasklare Darstellung seiner Ideen in Verbindung mit seinen menschlichen Anlagen ließen ihn die ungemein verschleißende Innovationszeit seiner Erfindung bis zum Erfolg überstehen.

Bald naht der Tag, an dem vor 100 Jahren der erste Dieselmotor Leistung abgegeben hat. 100 Jahre Tragweite einer Idee und noch immer keine Erschöpfung. Wie wenige Ideen, besonders technischer Art haben den Gehalt für eine solche weit ausstrahlende Lebensdauer trotz der ungemein schnellen Entwicklung vor allem auf technischem Gebiet. Aber wir wollen ja nicht nur die Sache in den Brennpunkt der Betrachtungen stellen, sondern den Menschen Diesel. Können wir aus seinem Leben ablesen, welche Eigenschaften ein Mensch haben muß, um ein solches Werk zu schaffen und – aus unserer heutigen Situation gesprochen – wie können wir solche Menschen finden und unterstützen. Es wäre sicherlich vermessen, Menschen mit dem Begabungsumfang Diesels finden zu wollen, aber glücklicherweise tritt Kreativität nicht nur in optimalem Ausmaß auf, sondern graduiert und ist in jeder Stufe wertvoll und sollte durch gezielte Beobachtung entdeckt und gepflegt werden.

Diesels Kreativität und seine Wesensart waren nicht angelernt. In seiner Jugend erhielt er zwar auch technische Anregungen, die aber nicht ursächlich waren für sein späteres Werk. Und diese Anregungen konnten nur das zum klingen bringen, was offenbar schon in ihm war. Aber woher kam dieser innere Gehalt? Aus seiner Erbmasse, soweit wir sie kennen, kann man seine Begabung und seine Universalität nicht ableiten. Gute Lehrer, die er verehren konnte, und eine gute Ausbildung halfen ausschlaggebend, seine Veranlagung zu entwickeln, ebenso wie die unmittelbare Berührung mit vorhandenen Problemen und Entwicklungen, wofür er stets interessiert war und eine schnelle Auffassungsfähigkeit hatte. Aber vor alle anderen Eigenschaften muß wohl seine Denkfähigkeit gestellt werden, die sich durch die Fülle seiner Vorstellungen und die Originalität seiner Einfälle ausdrückte. Er dachte dort weiter, wo andere aufgehört hatten zu denken. Lassen Sie mich ein Beispiel dafür geben: Nikolaus August Otto ließ seinen Motor eine Mischung aus Luft und Kraftstoff ansaugen und nachdem er diese Lösung gefunden hatte, hörte er auf weiter zu denken – und deshalb wurde für seinen Motor das Klopfen eine unüberwindbare Grenze. Diesel hat hier weiter gedacht und ließ seinen Motor nur Luft ansaugen. Wenn ich das so etwas forsch darstelle, wird und soll dadurch das Verdienst Ottos in keiner Weise geschmälert werden, schon aus dem Grunde nicht, weil ohne das Otto'sche 4-Takt-Prinzip Diesel seinen Motor nie so schnell hätte realisieren können.

Auch auf einem anderen Gebiet dachte Diesel weiter. Er sah die Grenzen der Möglichkeiten des kapitalistischen Wirtschaftssystems und legte mit der ihm eigenen Akribie seine Gedanken über ein neues System in allen Einzelheiten nieder. Er nannte es Solidarismus. Bewußt sprach er nicht von Sozialismus marxistischer Prägung, da er dessen Kampf der Klassen gerade durch ein solidarisches Handeln des Volksganzen ersetzt sehen wollte. Eine gemeinsame Volkskasse befriedigte die finanziellen Bedürfnisse des Volksganzen. Das nur als Beispiel. Heute kann uns der Inhalt seiner zwei fast aktuellen Bücher nicht näher interessieren, sondern nur die offensichtlich vorhandene Eigenart, seine Gedanken weit vorauslaufen zu lassen und durch seine Denkarbeit Entwicklungen vorauszusehen, mit denen wir heute, fast 100 Jahre später, noch nicht fertig geworden sind.

Aber Fleiß, Begeisterungsfähigkeit, Zielbewußtsein, Denkfähigkeit sind Eigenschaften, die nicht so selten sind, daß sie allein schon einen kreativen

Menschen entstehen lassen würden. Sie mögen erforderlich sein und Diesel besaß sie alle, aber eine hinreichende Kennzeichnung sind sie nicht. Charakteristisch für solche Menschen ist wohl die Fülle der Gedanken und ihre Originalität, das nicht auf alten Wegen Denken sowie der Mut und das Selbstvertrauen, Bestehendes in Frage zu stellen, es ist die Gesamtheit solcher Menschen.

Gewisse Suchmerkmale könnte man daraus ableiten, aber insgesamt bleibt eine solche Aufstellung unbefriedigend und wird dem eigentlichen Mechanismus des kreativen Denkens nicht gerecht. Auch die Psychoanalytiker einschließlich Freud können uns nur mit Vermutungen weiterhelfen.

So bleibt es für uns ein Wunder, daß Menschen wie Diesel entstehen können. Menschen, die der Welt viel geben und von ihr wenig empfangen. Einmalige Erscheinungen, die wie Diesel in ihrer inneren Stärke und geistigen Kraft zur einmaligen Größe emporwachsen und nur von ihrem Lebenswerk selbst übertroffen werden, von dem Motor, den er schuf.

Erster Dieselmotor, entwickelt 1893–1897 in Augsburg.
Foto: Historisches Archiv MAN Nutzfahrzeuge GmbH.

Versuchsstand in der MAN mit Dieselmotor, 1893, Schaukasten. Foto: Deutsches Museum, München.

Erster Dieselmotor von Krupp, Essen, 1897–1898, in der Werkstatt.
Foto: Deutsches Museum, München.

Rudolf Diesel, Heinrich von Buz, Prof. Moritz Schröter (v.l.n.r.) nach der Hauptversammlung des Vereins Deutscher Ingenieure in Kassel am 16. Juni 1897. Foto: Historisches Archiv MAN Nutzfahrzeuge GmbH.

Zweizylinder Dieselmotor, 1898. Foto: Deutsches Museum, München.

Erster kompressorloser Diesel-Fahrzeugmotor der MAN von 1923 mit direkter Kraftstoffeinspritzung.
Foto: Historisches Archiv MAN Nutzfahrzeuge GmbH.

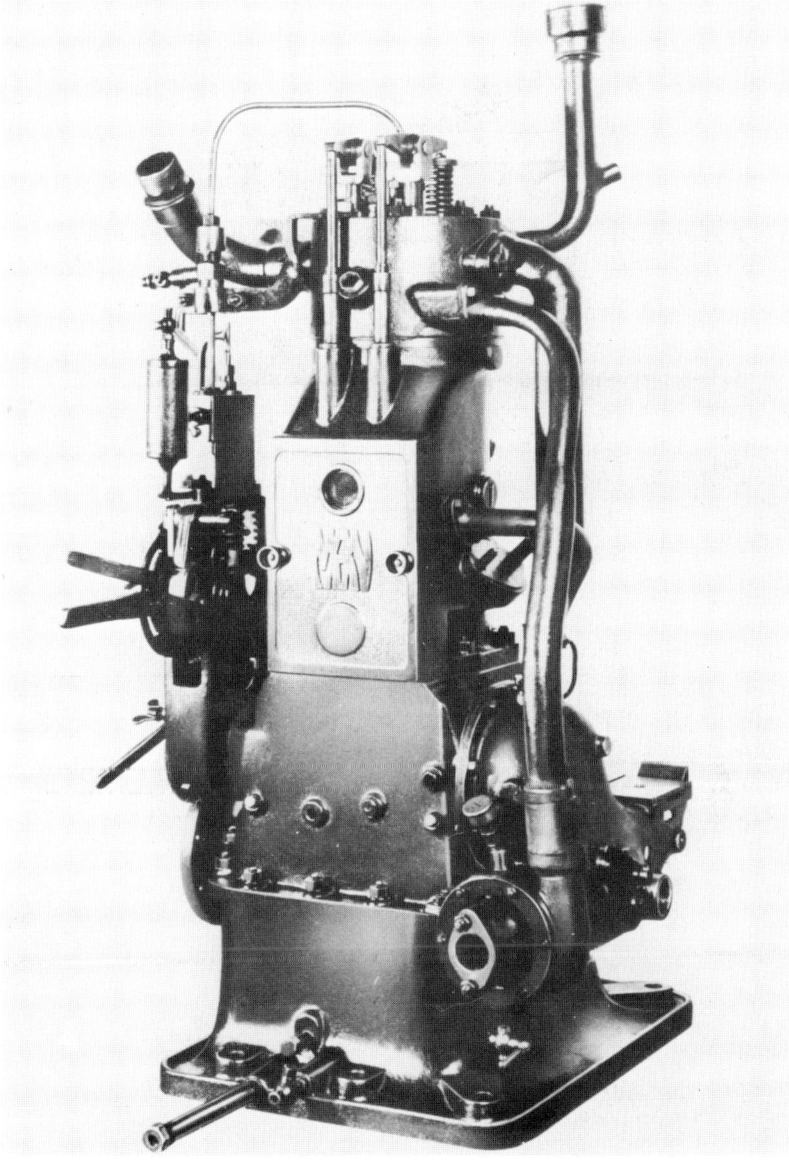

1-Zylinder-Versuchsmotor der MAN aus dem Jahr 1923.
Foto: Historisches Archiv MAN Nutzfahrzeuge GmbH.

Erster MAN Diesel-Lastwagen (1923/24), 45 PS, 4-Zylinder-Motor mit direkter Kraftstoffeinspritzung.
Foto: Historisches Archiv MAN Nutzfahrzeuge GmbH.

Anmerkungen zur Reprintausgabe

In den achtziger Jahren des vorigen Jahrhunderts schrieb Rudolf Diesel (1858–1913), seit 1890 Leiter der Berliner Niederlassung der Gesellschaft für Linde's Eismaschinen, ein Manuskript über sein Motorenprojekt.

Daß ein Erfinder eine über den Umfang einer Patentanmeldung weit hinaus gehende theoretische Darstellung seiner Pläne gab, war durchaus ungewöhnlich. Diesel verfolgte damit den Zweck, die für die Finanzierung des Projektes nötige Unterstützung der Fachwelt zu erreichen. Eine Beschleunigung der Konstruktionsarbeiten war nicht nur im Hinblick auf die in den neunziger Jahren wachsende Konkurrenz verschiedener Antriebssysteme wichtig, sondern auch wegen des damals auf nur 15 Jahre befristeten Patentschutzes. Rudolf Diesel konnte sich bereits auf positive Gutachten von Eugen Langen, dem Direktor der Gasmotorenfabrik Deutz, von Carl von Linde, seinem Chef und ehemaligen Lehrer, und von Moritz Schröter, Professor für Maschinenbau an der TH München, berufen.

Der Springer Verlag, von 1856–1923 Sachwalter der publizistisch-verlegerischen Interessen des VDI, interessierte sich für die Arbeit und schloß mit Rudolf Diesel einen Vertrag. Im Dezember 1892, knapp elf Wochen später war das Buch gedruckt. Es trug den Titel: „Theorie und Konstruktion eines rationellen Wärmemotors" und zählt heute zu den bedeutendsten Dokumentationen der neueren Erfindergeschichte. Mit diesem Reprint ist es nach vierundneunzig Jahren wieder verfügbar.

Die Veröffentlichung machte Diesel damals nicht nur schlagartig zu einer bekannten Persönlichkeit, sie leistete auch einen wichtigen Beitrag zur Beschleunigung seiner Verhandlungen mit der Maschinenfabrik Augsburg, der Friedrich Krupp AG und der Firma Gebr. Sulzer. Die mit diesen Firmen am 21. Februar, 10. April und 16. Mai 1893 abgeschlossenen Lizenzverträge ermöglichten ihm die Kündigung seiner Berliner Stellung und die Gründung eines Ingenieurbüros in München, das die Basis für seine im Lauf der Jahre anwachsenden technischen und unternehmerischen Aktivitäten bildete.

Diesen positiven Wirkungen standen von Anfang an vehemente Angriffe gegenüber. In der Tat erwies sich ein Teil der in dem Buch enthaltenen Aussagen, insbesondere über die Höhe der erreichbaren bzw. nötigen Drücke und Temperaturen sowie über den Grad der Wärmeausnutzung, als unhaltbar oder revisionsbedürftig.

In einem Vortrag, den Diesel am 16. Juni 1897 vor der Hauptversammlung des Vereins Deutscher Ingenieure in Kassel hielt, befaßte er sich in ebenso selbstsicherer wie selbstkritischer Weise mit der Weiterentwicklung und Korrektur der ursprünglichen Hypothesen anhand der inzwischen gewonnenen Erkenntnisse. Der Vortrag wurde, zusammen mit einem Referat Moritz Schröters zum gleichen Thema als Sonderdruck vertrieben.

Nachdem das Buch über den Wärmemotor vergriffen war, sollte es Diesel auf Wunsch seines Verlegers neu bearbeiten. Infolge seiner Beanspruchung durch seine ausgedehnte berufliche Tätigkeit und nicht zuletzt durch verschiedene unerfreuliche Patentprozesse, kam es nicht dazu. Erst im Herbst 1912, ein Jahr vor seinem Tod, hielt Diesel einen stark erweiterten Vortrag vor der Schiffbautechnischen Gesellschaft in Berlin, der die Grundlage seines späteren Buches „Die Entstehung des Dieselmotors“ bildete.

Mit dieser detaillierten Darstellung der Geschichte seines Motors wollte der Erfinder einen Schlußstrich unter die seit 1893 anhaltenden Prioritätsstreitigkeiten ziehen, die zusammen mit schwerwiegenden finanziellen Fehlentscheidungen zu wiederholten Nervenkrisen und schließlich zum Selbstmord Diesels führten.

C. G. Schmidt-Freytag

Theorie und Konstruktion

eines

rationellen Wärmemotors

zum Ersatz der Dampfmaschinen

und der heute bekannten Verbrennungsmotoren.

Von

Rudolf Diesel,

Ingenieur.

Mit 13 in den Text gedruckten Figuren und 3 Tafeln.

Berlin.

Verlag von Julius Springer.

1893.

Inhaltsverzeichniss.

Seite

§ 1. Einleitende Bemerkungen 1
§ 2. Das Verhalten der Verbrennungsgase 1

Erster Abschnitt.

Theorie der Verbrennung.

§ 3. Allgemeines über die Verbrennung 3
§ 4. Erster Verbrennungsprocess bei konstantem atmosphärischen Druck . 5
a) Arbeitsvorgänge 5
b) Wärmevorgänge 6
§ 5. Zweiter Verbrennungsprocess, konstanter atmosphärischer Druck, aber geringere Wärmeabfuhr 8
a) Arbeitsvorgänge 8
b) Wärmevorgänge 9
§ 6. Dritter Verbrennungsprocess, konstanter Druck höher als der atmosphärische 11
a) Arbeitsvorgänge 11
b) Wärmevorgänge 19
c) Erster Specialfall, die Feuerluftmaschinen, Theorie des Regenerators 22
d) Zweiter Specialfall, Wärmeabfuhr = 0 29
e) Dritter Specialfall. Vollkommene Ausnutzung der Wärme . . 30
§ 7. Vierter Verbrennungsprocess, konstantes Volumen 32
a) Arbeitsvorgänge 32
b) Wärmevorgänge 33
c) Specialfall, die Gasmotoren 35
§ 8. Fünfter Verbrennungsprocess, konstante Temperatur 37
a) Arbeitsvorgänge 38
b) Wärmevorgänge 42
c) Zusammenstellung der Resultate 44
d) Die Grundbedingungen einer vollkommenen Verbrennung . . 46

Zweiter Abschnitt.

Konstruktion des vollkommenen Motors.

Seite

§ 9. Ausrechnung einer wirklichen Maschine von 100 Pferd ind. 47
Gang der Berechnung 47
Allgemeine Diskussion der Formeln 49
Zahlenwerthe 51
Das Diagramm 52
Die Grösse des Cylinders 53
Einspritzwassermengen 54
Kohlenverbrauch 54
§ 10. Beschreibung der Konstruktion 55
Arbeitsverfahren 56
Cylinder 1 und 2 57
Asche und Schlacke 59
Stösse 59
Die innere Steuerung 60
Die Brennstoffzufuhrvorrichtung 61
Die äussere Steuerung 62
Die Regulirung 63
Ingangsetzung 63
Stillstand 64
Schmierung 64
Gesammterscheinung 64

Dritter Abschnitt.

Erste Abweichung vom vollkommenen Process.

§ 11. Theorie des abweichenden Processes 65
Aufstellung der Formeln 66
Diskussion derselben 67
Zahlenbeispiele 68
Das Indikatordiagramm 69
Die zulässigen Maximaldrucke 69

Vierter Abschnitt.

Konstruktion des Motors für den abweichenden Process.

§ 12. a) Für feste Brennstoffe 70
Mit mehrstufiger Kompression und Expansion 70
Mit einstufiger Kompression und Expansion 71
Verwendung backender Kohlensorten 71
§ 13. b) Für flüssige Brennstoffe 72
Allgemeine Beschreibung 72
Arbeitsvorgänge 72

Seite
Die Temperaturen im Cylinder. Mitteltemperatur 73
Detailbeschreibung einzelner Organe 75
§ 14. c) Für gasförmige Brennstoffe 76
Allgemeine Beschreibung 76
Preis des Gases 77
Vergasungsapparat für den Motor 77

Fünfter Abschnitt.

Andere Abweichungen vom vollkommenen Process.

§ 15. Zweite Abweichung vom vollkommenen Process (unvollständige Expansion) 78
Ausrechnung des Verlustes 78
Resultat für die Praxis 79
§ 16. Dritte Abweichung vom vollkommenen Process (andere Verbrennungsarten) 79
Beschreibung derselben 79
Vergleich mit der vollkommenen Verbrennung 79
Resultat für die Praxis 80

Sechster Abschnitt.

§ 17. **Der neue Motor als geschlossene Maschine** 81

Theorie 81
Konstruktion und Betrieb 82
Beschaffung der Ersatzluft 83
Geschlossene Maschine mit mehrstufiger Kompression und Expansion 83

Siebenter Abschnitt.

§ 18. **Der neue Motor als Kälteerzeugungsmaschine** 84

Theorie 84
Diskussion der Formeln 87
Resultat für die Praxis 88

Achter Abschnitt.

§ 19. **Anwendungen des neuen Motors** 88

Die Vortheile desselben 88
Grossindustrie 89
Kleinindustrie 89
Lokomotiven 89
Strassenbahnen und Fuhrwerk 91
Schiffsmaschinen 91

Neunter Abschnitt.

Seite

§ 20. **Schlussbemerkungen** 92

Untersuchung der bestehenden Motoren im Lichte der neuen Theorie 92
Die Dampfmaschinen 93
Die Heissluftmaschinen 93
Die Feuerluftmaschinen 93
Die Gas-(Petroleum-)Motoren 94
Die Regeneratoren und Apparate zur Ausnutzung der Wärme im Kühlwasser 95
Schluss 96

Theorie und Konstruktion eines rationellen Wärmemotors.

§ 1. Einleitende Bemerkungen.

In der vorliegenden Schrift ist eine neue Theorie der Verbrennung entwickelt und aus derselben sind die Bedingungen abgeleitet, nach welchen eine Verbrennung zu leiten ist, um einen möglichst hohen Arbeitsgewinn aus der Verbrennungswärme zu erzielen. Endlich ist in einigen Konstruktionen angegeben, auf welche Weise die abgeleiteten theoretischen Sätze zur Herstellung eines praktischen Motors führen. — Dieser neue Motor hat eine gewisse Aehnlichkeit mit Feuerluft- oder Gasmotoren, insofern ein Verbrennungsprocess im Arbeitscylinder stattfindet. Diese Aehnlichkeit ist jedoch nur scheinbar, denn das Arbeitsprincip, bezw. die Leitung des Verbrennungsprocesses in demselben weicht von den bekannten Verfahren vollkommen ab; die Theorie wird zeigen, dass sowohl Feuerluft- als Gasmotoren principiell falsch arbeiten, und dass keine Verbesserung an denselben günstigere Resultate ergeben kann, so lange deren Arbeitsprincip beibehalten wird.

§ 2. Das Verhalten der Verbrennungsgase.

Es verbrenne 1 kg reiner Kohlenstoff C in G kg Luft; dabei sei $G \geqq$ als die Luftmenge, welche zur vollkommenen Verbrennung des C nöthig ist. Es entsteht dann Kohlensäure CO_2, Stickstoff N, und eventuell ein Ueberschuss von Luft. Die Atomgewichte sind: für $C = 12$, für $O = 16$ (Sauerstoff).

Danach braucht 1 kg C zur vollkommenen Verbrennung:

$$G_O = \frac{32}{12} = 2{,}666 \text{ kg Sauerstoff}, \quad \ldots \ldots \quad (1)$$

es entstehen dabei:

$$G_{CO_2} = 3{,}666 \text{ kg Kohlensäure}. \quad \ldots \ldots \quad (2)$$

Da die Luft aus 0,2356 % O

und 0,7644 % N besteht, so ist die zur vollkommenen Verbrennung nöthige Luftmenge:

$$G_L = G_O : 0{,}2356 = 11{,}3183 \text{ kg Luft}. \quad \ldots \ldots \quad (3)$$

In dieser Luftmenge ist als todte Masse mit enthalten die Stickstoffmenge:

$$G_N = G_L \cdot 0{,}7644 = 8{,}6517 \text{ kg Stickstoff.} \quad . \; . \; . \; . \quad (4)$$

Dabei ist die aus der Verbrennung entstehende Gasmenge:

$$G_{CO_2} + G_N = 1 + G_L = 12{,}3183 \text{ kg.} \quad . \; . \; . \; . \; . \; . \quad (5)$$

Und da, wenn $G > G_L$ war, auch noch Luft im Ueberschuss vorhanden ist, so ist das Gasgemisch nach der Verbrennung:

$$G_{CO_2} + G_N + (G - G_L)_{\text{Luft}} = (1 + G) \text{ kg Gasgemisch.} \quad . \; . \quad (6)$$

Nach Zeuner, Thermodynamik I, sind nun die Konstanten eines Gasgemisches:

S. 101 $B = \frac{\Sigma G B}{\Sigma G}$, die Konstante der Zustandsgleichung des Gemisches (7)

S. 163 $c_p = \frac{\Sigma G c_p}{\Sigma G}$, die spec. Wärme bei konstantem Druck. . . . (8)

$c_v = \frac{\Sigma G c_v}{\Sigma G}$, die spec. Wärme bei konstantem Volumen. . . (9)

Dabei ist für die einzelnen Gase der Mischung einzusetzen:

für Luft	$B = 29{,}269$	$c_p = 0{,}2375$	$c_v = 0{,}1685$	$\varkappa = \frac{c_p}{c_v} = 1{,}410$	(10)
- Kohlensäure	19,204	0,2669	0,1718	1,263	
- Stickstoff	30,131	0,2438	0,1727	1,411	

Die Ausrechnung mit diesen Zahlen ergiebt für das Gasgemisch nach der Verbrennung, bei verschiedenen Werthen von G, Folgendes:

für $G = 11{,}3183$ kg	$B = 26{,}879$	$c_p = 0{,}2358$	$c_v = 0{,}1724$	$\varkappa = 1{,}368$	(11)
$= 20$ -	27,867	0,2365	0,1708	1,384	
$= 50$ -	28,691	0,2371	0,1694	1,399	
$= 100$ -	28,977	0,2373	0,1689	1,405	

Die erste Zeile gilt für die rein theoretische Luftmenge; hier sind schon die Konstanten des Verbrennungsgases sehr nahe denen der reinen Luft; die Annäherung wird um so grösser, je grösser G wird, d. h. je mehr Luft im Ueberschuss vorhanden ist. — Da nun die neue Theorie für eine rationelle Verbrennung — das sei hier gleich vorausgeschickt — auf Werthe für $G = 100$ kg und mehr führt, so ist ersichtlich, dass man in diesen Fällen ohne Fehler auf die Verbrennungsgase die Konstanten der reinen Luft anwenden darf.

Diese Analogie der Verbrennungsgase mit Luft findet nicht nur für reinen Kohlenstoff statt, sondern noch in höherem Maasse für die gebräuchlichsten Brennmaterialien, sowohl feste als flüssige, auch dann, wenn denselben Wasser beigemischt ist.

Für gasförmige Brennmaterialen kommt Zeuner zu demselben Resultat, er sagt (T. D. I. S. 405): „Obgleich für die Verbrennung das Minimum der Luftmenge vorausgesetzt wurde, so ergeben sich doch die physikalischen Konstanten vor und nach der Zündung von nahezu gleicher Grösse; bei grösseren Luftmengen tritt die Gleichheit noch mehr hervor.“

Auch Ferrini (Technol. d. Wärme, 1878, S. 154) kommt für alle Brennmaterialien, namentlich Holz, Torf, Braunkohle, Steinkohle, Anthracit, Holzkohle, Torfkohle, Koaks, Leuchtgas, Sumpfgas, Kohlenwasserstoff, sowohl im feuchten, als trocknen Zustand, auf Konstanten, deren Werthe nur um 2—6 % von denen der Luft abweichen.

Wenn dieses bekannte Resultat hier nochmals ausführlich nachgerechnet wurde, so war es blos, um zu zeigen, dass in den hier vorgeschlagenen Anwendungen, wo $G \geqq 100$ kg, der Fehler nur geringe Bruchtheile eines Procents beträgt, wenn man für das Gasgemisch die Konstante der Luft gelten lässt. Wir werden daher in allen folgenden Untersuchungen die Verbrennungsgase als reine Luft betrachten, ohne dies besonders zu erwähnen und werden dieselben auch als Verbrennungsluft oder schlechtweg Luft bezeichnen.

Erster Abschnitt.

Theorie der Verbrennung.

§ 3. Allgemeines über die Verbrennung.

Der Heizwerth H_I von 1 kg reinem, trocknem Kohlenstoff, der bei konstantem atmosphärischen Druck verbrennt, wurde vielfach bestimmt und kann im Mittel angenommen werden zu

$$H_I = 7800 \text{ Kalorien} \qquad (12)$$

An diesem Resultate von Fabre und Silbermann haben neuere Untersuchungen und Rechnungen im Grunde nichts geändert.

Dieser Werth H_I ist das Resultat eines äusserst komplicirten Vorganges. Erst ist die Kohle im festen Zustande auf die Entzündungstemperatur zu erhitzen, dann verbindet sich der C mit O unter gleichzeitigem Uebergang in die Gasform; endlich finden während des Verbrennens physikalische Aenderungen der vorhandenen und der neu gebildeten Gase statt, sowie Arbeitsleistungen nach aussen, Wärmeabgaben etc. — Es ist nicht möglich, diese Vorgänge im Detail zu verfolgen, weil wir weder die zur Bildung des Verbrennungsgases nöthige innere Wärme kennen, noch die durch Verbindung von C und O entstehende Wärme, noch verschiedene andere Grössen bekannt sind. Dennoch kann man aus dem gewöhnlichen bekannten Verbrennungsprocess auf jeden anderen schliessen, da das praktische Resultat des komplicirten Vorganges, der Werth H_I, für diesen einen Fall genau bekannt ist.

Wie die Wärmetheorie aus wenigen, nur unter bestimmten Voraussetzungen gemachten Versuchen von Regnault im Stande war, alle Zustandsänderungen von Gasen und Dämpfen zu verfolgen, ebenso kann die Wissenschaft aus dem einen klassischen Verbrennungsversuch auf andere Verbrennungsarten schliessen.

Es sei hier noch erwähnt, dass die Gaswärme von 1 kg Gas sich wie folgt ausdrückt:

$$J = J_0 + c_v T \quad \text{. . . . . (13)}$$

wo J_0 die sogenannte Konstante der Gaswärme ist. Dieses J_0 ist unbekannt, ist aber jedenfalls eine Funktion der übrigen Konstanten der Gase, also von B, c_p, c_v. — Nach den früheren Darlegungen liegt der Schluss sehr nahe, dass J_0 für die Verbrennungsluft denselben Werth habe, wie für reine Luft, weil ja beide in jeder physikalischen Beziehung als identisch sich zeigten, und weil nach Zeuner T. D. I. 165, für eine Mischung

$$J_0 = \frac{\Sigma G J_0}{\Sigma G} \quad \text{. . . . . (14)}$$

also eine Gleichung, die im Bau identisch mit denjenigen für die übrigen Konstanten einer Mischung.

Wir werden jedoch diese Schlussfolgerung, die einzige, welche man als hypothetisch bezeichnen könnte, wegen dieser Unsicherheit gar nicht gebrauchen.

Um nun einen Verbrennungsprocess genau zu verfolgen, muss man denselben in einem Cylinder mit Kolben vor sich gehend denken, wie dies unter Anderem auch von Zeuner schon angegeben wurde. Die Verbrennung ist dann, wie jede Zustandsänderung, nach zwei Seiten hin zu verfolgen:

a) nach den Arbeitsquantitäten, welche gewonnen und verloren werden;

b) nach den Wärmequantitäten, welche dabei bewegt werden.

Zunächst sei untersucht der

§ 4. I. Verbrennungsprocess.

Einfache und gewöhnliche Verbrennung, wie sie im Kalorimeter, bei Bestimmung des Heizwerthes, vor sich geht. — Dieser Process charakterisirt sich dadurch, dass er vollständig bei konstantem atmosphärischen Druck p vor sich geht, und dass die Endtemperatur der Verbrennungsgase die atmosphärische Temperatur T ist. Zu diesem Zweck werden die Wände des Verbrennungsraumes von aussen durch Wasser gekühlt, wie dies in Textfigur 1 schematisch angedeutet ist.

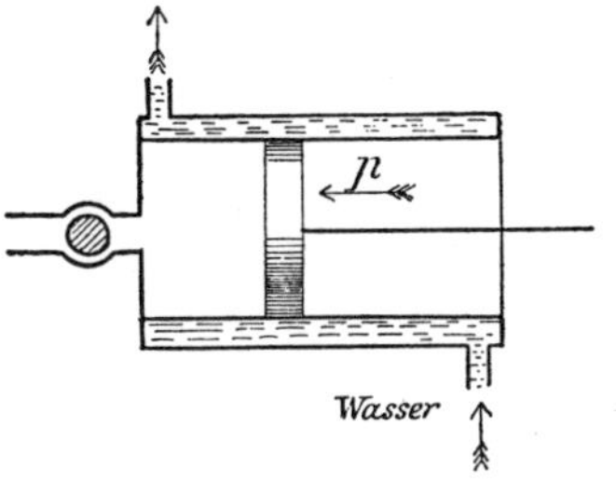

Fig. 1.

a) Arbeitsvorgänge.

Der Kolben saugt zunächst G kg atmosphärische Luft an; dabei wird gewonnen die Arbeit:

$$L'_I = G\,p\,v, \qquad (15)$$

wo noch v das spec. Volumen der Luft bedeutet.

Dabei ist:

$$p\,v = B\,T \text{ (Zustandsgleichung der Gase)}. \qquad (16)$$

Die Bezeichnungen wolle der Leser zunächst ohne Kommentar hinnehmen. Aus späteren Untersuchungen wird das Systematische und Uebersichtliche derselben hervorgehen. Die Sätze der Thermodynamik werden als bekannt vorausgesetzt.

Hierauf wird **1 kg Brennmaterial** in denselben Cylinder gesaugt, wodurch ebenfalls ein Arbeitsgewinn entsteht, nämlich:

$$L'_B = p\,v_B, \qquad (17)$$

darin ist v_B das spec. Volumen des Brennmaterials bei atmosphärischem Drucke p und der atmosphärischen Temperatur T; selbstverständlich kann das Brennmaterial einen beliebigen Aggregatzustand haben.

Nunmehr wird entzündet; die Kohle verbrennt unter Abfuhr nach aussen der Wärmemenge H_I, welche man den Heizwerth nennt, es entstehen $(1 + G)$ kg Verbrennungsgase.

Das Volumen vor der Zündung war:

$$V_1 = G\,v + v_B, \qquad (18)$$

nach der Verbrennung ist es:

$$V_{1s} = (1 + G)\,v, \qquad (19)$$

weil ja gleicher Druck und gleiche Temperatur herrschen. Durch die eigentliche Verbrennung bei konstantem Druck wird also gewonnen die Arbeit:

$$L''_I = p\,(V_{1_s} - V_1) = p\,(v - v_B)\,. \quad \ldots \ldots \quad (20)$$

Der gesammte Arbeitsgewinn ist demnach:

$$L'_I + L'_B + L''_I = (1 + G)\,p\,v. \quad \ldots \ldots \quad (21)$$

Um nun den Process von Neuem beginnen zu können, ist die Gasmasse in die Atmosphäre zu schieben, dies erfordert einen Arbeitsaufwand von:

$$L_I^{IV} = (1 + G)\,p\,v. \quad \ldots \ldots \quad (22)$$

Die gesammte Nutzarbeit ist gleich der Differenz des Arbeitsgewinnes und Aufwandes nämlich:

$$L_I = 0. \quad \ldots \ldots \quad (23)$$

Das Indikatordiagramm ist aus Textfigur 2 ersichtlich; darin bedeutet:

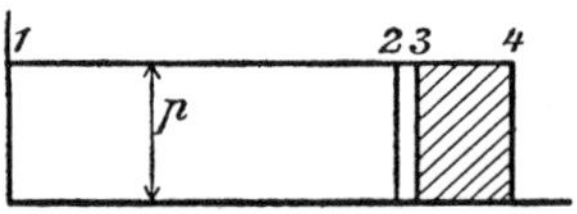

Fig. 2.

$\overline{12}$ = Ansaugen der Luft; Arbeit L'_I,

$\overline{23}$ = Ansaugen des Brennmaterials; Arbeit L'_B,

$\overline{34}$ = Verbrennung unter konstantem Druck; Arbeit L''_I,

$\overline{41}$ = Hinausschieben der Produkte; Arbeit L_I^{IV}.

Obgleich also während der Verbrennung eine nützliche Arbeit = der schraffirten Fläche geleistet wurde, so ist dieselbe nicht verwerthbar, weil die Produkte der Verbrennung an die Atmosphäre abzugeben sind.

b) Wärmevorgänge.

Durch das Ansaugen der G kg Luft wird in den Cylinder geliefert die Wärmemenge:

$$G\,J = G\,(J_O + c_v\,T). \quad \ldots \ldots \quad (24)$$

Durch das Ansaugen des Brennmaterials wird geliefert:

$$J_B = J_B \quad \ldots \ldots \quad (25)$$

wir lassen absichtlich J_B als solches stehen, weil der Aggregatzustand des Brennmaterials ein beliebiger sein kann.

Während der Verbrennung wird nach aussen abgeführt der Heizwerth H_I. Nach der Verbrennung besteht im Cylinder noch die Wärmemenge:

$$(1 + G)\,J_{1_s} = (1 + G)\,(J'_O + c_v\,T)\,. \quad \ldots \ldots \quad (26)$$

Wir wollen, wie auf S. 4 erwähnt, nicht annehmen, dass J_O für die Verbrennungsgase identisch sei mit J_O für Luft; daher setzen wir die Konstante der Gaswärme für die Verbrennungsgase $= J'_O$ pro 1 kg.

Nennt man nun Q die Verbrennungswärme, d. i. diejenige Wärme, welche durch den eigentlichen chemischen Vorgang der Verbrennung entsteht, so ist dieselbe offenbar gleich der Differenz der inneren Wärme nach und vor der Verbrennung + der nach aussen geleiteten Wärme H_I, plus dem Aequivalent der während der Verbrennung geleisteten äusseren Arbeit L''_I (nach Gl. 20). — Dieser axiomatische Satz, mathematisch ausgedrückt, ergiebt:

$$Q = (1 + G)\left\{J'_O + c_v T\right\} - G\left\{J_O + c_v T\right\} - J_B + H_I + Ap(v - v_B);$$

oder:

$$\underline{Q = H_I + Ap(v - v_B) + (1 + G) J'_O - G J_O + c_v T - J_B} \,. \qquad (27)$$

Das ist die Grundgleichung der Verbrennung.

Denkt man an feste und flüssige Brennmaterialien, so ist deren spec. Volumen v_B gegen v vernachlässigbar klein; desgleichen ist die innere Wärme J_B eines festen oder flüssigen Körpers gegen die Werthe der Gaswärmen J'_O, J_O und gegen den sehr bedeutenden Heizwerth H_I vernachlässigbar. — Macht man ausserdem noch vorübergehend die Annahme $J'_O = J_O$, so entsteht die einfachere Grundgleichnung:

$$Q = H_I + Ap\,v + (J_O + c_v T). \quad \ldots\ldots \quad (27a)$$

Hiernach dient die Verbrennungswärme Q zu drei verschiedenen Zwecken:

1. Zur Erzeugung des Heizwerthes H_I, welcher, für den Verbrennungsprocess überflüssig, nach aussen abgeleitet wird.
2. Zur Leistung äusserer Arbeit.
3. Zur Erzeugung der inneren Wärme von 1 kg Luft (Verbrennungsgas).

Gleichung 27 kann nicht verwerthet werden, da darin 4 Unbekannte: Q, J'_O, J_O, J_B auftreten. — Diese Gleichung wird jedoch sehr werthvoll, wenn ein anderer Process auf gleiche Weise untersucht wird. Denn es muss unzweifelhaft angenommen werden, dass das Q, welches ausschliesslich durch chemische Affinität zwischen C und O, und zwar in der ganz bestimmten Form CO_2, entsteht, bei gleichem Brennmaterial dasselbe ist; dieses Q wird sich bei anderen Druck- oder Temperaturverhältnissen selbstverständlich anders vertheilen, da die innere Wärme des aus dem festen C entstehenden Gases bei anderen Verhältnissen eine andere ist, desgl. die äussere Arbeit.

In der Behauptung, dass die durch chemische Affinität entstehende Wärme bei gleichem Brennmaterial unabhängig von dem physikalischen Zustand der Verbrennungsluft ist, liegt die Hypothese dieser Abhandlung, wenn man sie eine Hypothese nennen will. Man kann aber doch nicht wohl annehmen, dass bei der chemischen Verbindung gleicher Mengen gleicher Stoffe verschiedene Wärmemengen auftreten können. Die auftretende Wärmemenge wird sich nur, je nach dem physikalischen Zustande, den sie bei ihrem Entstehen vorfindet, anders auf die 3 Stellen:

Heizwerth,
Aeussere Arbeit,
Innere Wärme

vertheilen. — Alle chemischen Vorgänge, welche unter Druck vor sich gehen, geben dieselben Endprodukte, wie wenn sie bei atmosphärischem Drucke stattfinden. Sogar wenn der Druck Tausende von Atmosphären beträgt, wie bei Geschützen, sind die Endprodukte der chemischen Verbindung genau dieselben, wie wenn der Explosionsstoff unter atmosphärischem Druck entzündet wird. Dies muss wohl als Beweis gelten, dass der intime Vorgang der Atomgruppirung derselbe bleibt, und als unabweisbare Folge hiervon muss angenommen werden, dass auch die Wärmeentwicklung dabei dieselbe sein muss. — Diese Folgerung kann kaum als hypothetisch bezeichnet werden.

§ 5. II. Verbrennungsprocess

soll, wie der vorige, unter konstantem, atmosphärischem Druck stattfinden, dagegen soll nicht die Wärmemenge H_I nach aussen geführt werden, sondern $H_{II} < H_I$. Der Heizwerth ist dann H_{II}, da wir Heizwerth die während der Verbrennung nach aussen abgegebene Wärme nennen.

a) Arbeitsvorgänge.

Arbeitsgewinn beim Ansaugen der Luft: $L'_I = G\,p\,v$ (nach Gleich. 15)

" " " des Brennmaterials: $L'_B = p\,v_B$ (" " 17)

Nunmehr wird entzündet. Die Luft dehnt sich unter konstantem Drucke Arbeit verrichtend aus; da dabei blos H_{II} nach aussen geführt wird, so ist die Endtemperatur nicht, wie bei Process I, = der atmosphärischen Temperatur, sondern eine andere, T_{1_s}. — Dieses T_{1_s} ist unbekannt, die weiteren Rechnungen ergeben aber Mittel, es zu finden; wir wollen, um allgemein zu bleiben, diese Berechnung der Endtemperatur nicht aus den bekannten Sätzen herleiten, wie es nahe liegt, sondern aus der Betrachtung des Verbrennungsvorganges entstehen lassen.

Wir nehmen zunächst an, T_{1_s} sei bekannt, dann ist das Endvolumen nach der Verbrennung:

$$V_{1_s} = (1 + G)\, v_{1_s} = (1 + G)\, \frac{B\, T_{1_s}}{p} \quad . \quad . \quad . \quad . \quad . \quad . \quad (28)$$

Vor der Verbrennung war das Volumen laut Gleichung (18):

$$V_1 = G\, v + v_B.$$

Die durch die eigentliche Verbrennung gewonnene Arbeit ist daher, weil unter konstantem Drucke stattfindend:

$$L''_I = p\, (V_{1_s} - V_1) = p \left\{(1 + G)\, v_{1_s} - G\, v - v_B\right\}. \quad . \quad . \quad (29)$$

Der gesammte Arbeitsgewinn bis nach vollendeter Verbrennung ist:

$$L'_I + L'_B + L''_I = (1 + G)\, p\, v_{1_s}. \quad . \quad . \quad . \quad . \quad . \quad (30)$$

Zur Entleerung des Cylinders ist ein Arbeitsaufwand nöthig von:

$$L_I^{II} = (1 + G)\, p\, v_{1_s} \ldots \ldots \ldots \quad (31)$$

Die gesammte Nutzarbeit = der Differenz des Gewinnes und Aufwandes, nämlich:

$$L_I = 0, \ldots \ldots \ldots \ldots \quad (32)$$

also kein Arbeitsgewinn, wie im ersten Process.

Das Diagramm ist seiner Gestalt nach dasselbe wie bei Process I. Nur ist die Strecke $\overline{34}$ länger, weil das Endvolumen v_{1_s} der heissen Luft grösser als v ist.

b) Wärmevorgänge.

Wärmeinhalt der angesaugten Luft: $G\, J = G\, (J_O + c_v\, T)$ (nach Gl. 24)
- des - Brennmaterials: $J_B = J_B$ (- - 25)

Während der Verbrennung wird nach aussen abgeführt die Wärme H_{II} (statt früher H_I).

Nach der Verbrennung ist im Cylinder vorhanden die Gaswärme:

$$(1 + G)\, J_{1_s} = (1 + G) \left\{J'_O + c_v\, T_{1_s}\right\}. \quad . \quad . \quad . \quad . \quad . \quad (33)$$

Die während der Verbrennung geleistete äussere Arbeit ist L''_I nach Gleichung (29).

Die Grundgleichung dieses Processes ist daher:

$$Q = (1 + G) \left\{J'_O + c_v\, T_{1_s}\right\} - G\, (J_O + c_v\, T) - J_B + H_{II} +$$
$$+ Ap \left\{(1 + G)\, v_{1_s} - G\, v - v_B\right\}$$

oder:

$$\underline{Q = H_{II} + Ap \left\{(1 + G)\, v_{1_s} - G\, v - v_B\right\} + (1 + G)\, J'_O - G\, J_O +}$$
$$\underline{+ (1 + G)\, c_v\, T_{1_s} - G\, c_v\, T - J_B}, \quad . \quad . \quad . \quad . \quad . \quad . \quad (34)$$

auch hier könnten, wie bei Process I, vereinfachende Annahmen gemacht werden und dadurch eine sehr einfache, übersichtliche Grundgleichung entstehen. Wir wiederholen jedoch, dass wir hiervon keinen Gebrauch machen wollen. Setzt man die Grundgleichung des Processes I nochmals hierher, nämlich:

$$Q = H_I + Ap\,(v - v_B) + (1 + G)\,J'_O - G\,J_O + c_v\,T - J_B \quad \text{(Gleichung 27)}$$

und subtrahirt beide Grundgleichungen, so entsteht:

$$0 = H_{II} - H_I + (1 + G)\left\{Ap\,(v_{1_s} - v) + c_v\,(T_{1_s} - T)\right\}, \quad (35)$$

nun ist nach Sätzen aus der Thermodynamik

$$\left.\begin{array}{c} p\,v_{1_s} = B\,T_{1_s};\ p\,v = B\,T \\ c_p - c_v = A\,B \end{array}\right\} \quad (36)$$

und hieraus wird

$$\underline{H_I - H_{II} = (1 + G)\,c_p\,(T_{1_s} - T)}, \quad (37)$$

eine Gleichung, die man hätte a priori hinschreiben können, die sich aber hier als Resultat der Untersuchung des ganzen Vorganges ergiebt. Aus dieser Gleichung (37) lässt sich T_{1_s} berechnen, wenn man H_{II} annimmt. — Es zeigt sich, dass durch unser Verfahren, die Verbrennungswärme Q beider Processe gleich zu setzen, alle unbequemen Grössen: J_O, J'_O, J_B, Q, v_B, von selbst wegfallen. Dass die beiden Q einander gleich sind, kann aber nicht dem geringsten Zweifel unterliegen, wenn man sich die Vorgänge vergegenwärtigt. Es sei nochmals betont, dass von der Beziehung $J_O = J'_O$ in der ganzen Rechnung kein Gebrauch gemacht ist.

Gleichung (37) lässt ersehen, dass der Vorgang derselbe ist, wie wenn man zuerst ganz nach Process I verbrannt hätte, d. h. unter Ableitung von H_I, und hierauf wieder von aussen die Wärme $(H_I - H_{II})$ unter konstantem Druck zugeführt hätte, und zwar an die gesammte Gasmasse, inklusive dem neugebildeten 1 kg CO_2. Aus Gleichung (37) entsteht

$$T_{1_s} = T + \frac{H_I - H_{II}}{(1 + G)\,c_p}. \quad (38)$$

Diese Gleichung dient zur Berechnung der Maximaltemperatur der Verbrennung, also der Verbrennungstemperatur. Setzt man $H_{II} = H_I$, so entsteht $T_{1_s} = T$, d. i. das Resultat des Processes I. Man sieht, dass man H_{II}, den Heizwerth, beliebig wählen kann; man kann auch $H_{II} = 0$ setzen, dann entsteht:

$$T_{1s} = T + \frac{H_I}{(1 + G)\,c_p}. \quad (39)$$

Hieraus geht hervor, dass man einen Verbrennungsprocess so leiten kann, dass gar kein Heizwerth entsteht, sondern dass die ganze entwickelte Wärme im Verbrennungsgase verbleibt. Im vorliegenden Falle ist dieselbe in Form von fühlbarer Wärme vorhanden und kann als solche wiedergewonnen werden, z. B. durch Abkühlen bei konstantem Druck. — Diese verfügbare Wärme ist

$$W = (1 + G)\, c_p \,(T_{1_s} - T) = H_I, \quad \ldots \ldots \quad (40)$$

d. h. gleich dem Heizwerth im gewöhnlichen Sinne.

Die Frage ist nun, ob man einen Verbrennungsprocess auch so leiten kann, dass kein Heizwerth nach aussen abgegeben wird, dass aber die im Gase verbleibende Wärme nicht in Form fühlbarer Wärme, sondern, ganz oder theilweise, in Form von Arbeit wieder gewonnen werden kann. Das wäre das Ideal einer Verbrennung, deren Zweck Arbeitsgewinn ist.

Die Folge wird lehren, dass dieses Ideal erreichbar ist.

§ 6. III. Verbrennungsprocess.

Soll wieder unter konstantem Druck stattfinden. — Dieser Druck sei aber grösser als der atmosphärische, und deshalb mit p_1 bezeichnet.

Zu diesem Zweck ist es nöthig, die angesaugte Verbrennungsluft erst auf den Druck p_1 zu komprimiren; das kann auf verschiedene Weisen geschehen.

a) Arbeitsvorgänge.

Um ein deutliches Bild der Vorgänge zu haben, denken wir uns für diese Kompression einen besonderen Cylinder, in welchem die Arbeit nach nebenstehendem Diagramm Textfigur 3 vor sich gehe:

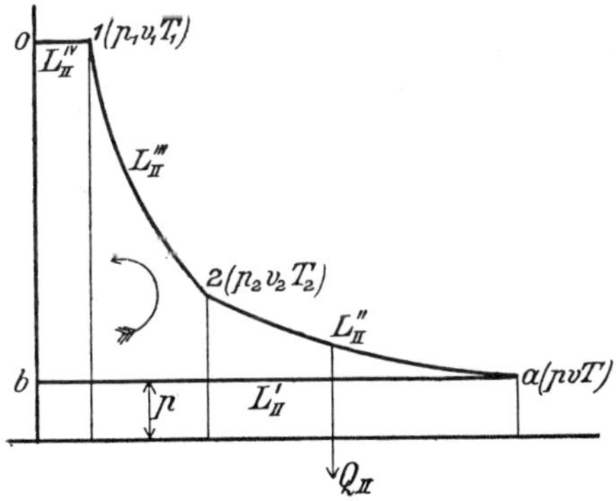

Fig. 3.

Alle Arbeitsgrössen und Wärmemengen haben den Index II, damit andeutend, dass der Kompressionscylinder gemeint ist.

Es sei nun in Textfigur 3:

b, a = Ansaugen von atmosphärischer Luft unter Druck p; Temperatur T; geleistete Arbeit L^{I}_{II}. Im Punkte a ist der Zustand p v T.

a, 2 = Kompression nach der Isotherme (oder einer anderen Kurve) unter Abfuhr der Wärme Q_{II}; zu leistende Arbeit L''_{II}. Zustand im Punkte 2: $p_2\ v_2\ T_2$.

2, 1 = adiabatische Kompression; zu leistende Arbeit L'''_{II}. Zustand im Punkte 1: $p_1\ v_1\ T_1$.

1, 0 = Hinausschieben der komprimirten Verbrennungsluft in ein Luftreservoir. Zu leistende Arbeit L^{IV}_{II}.

Die gesammte, in diesem Diagramm zur Herstellung der Verbrennungsluft zu leistende Arbeit ist:

$$L_{II} = L''_{II} + L'''_{II} + L^{IV}_{II} - L^{I}_{II}. \quad \quad (41)$$

Wenn die Kompressionskurve a2 wegfällt, so liegt reine adiabatische Kompression vor; dieselbe ist ein Specialfall der allgemeineren, kombinirten Kompression und entsteht aus den nachfolgenden Formeln, wenn man den Druck $p_2 = p$ setzt.

Nach diesen Erläuterungen können die Formeln ohne Weiteres niedergeschrieben werden.

Arbeitsgewinn beim Ansaugen:

$$L^{I}_{II} = G\, p\, v, \quad \quad (42)$$

wo

$$p\, v = B\, T. \quad \quad (43)$$

Arbeitsaufwand bei der isothermischen Kompression:

$$L^{II}_{II} = G\, B\, T \operatorname{logn} \frac{p_2}{p}, \quad \quad (44)$$

dabei

$$p_2\, v_2 = p\, v. \quad \quad (45)$$

Es ist dabei angenommen, dass p_2 willkürlich gewählt wird; wie es zu wählen ist, wird sich später zeigen; wählt man $p_2 = p$, dann ist die Isotherme nicht vorhanden, und $L^{II}_{II} = 0$.

Wärmeabfuhr bei der Isotherme:

$$Q_{II} = A\, L^{II}_{II}. \quad \quad (46)$$

Arbeitsaufwand zur adiabatischen Kompression:

$$L'''_{II} = G \frac{c_v}{A} (T_1 - T), \quad \quad (47)$$

dabei

$$\frac{T}{T_1} = \left(\frac{p_2}{p_1}\right)^{\frac{\varkappa - 1}{\varkappa}} = \left(\frac{v_1}{v_2}\right)^{\varkappa - 1} \quad \ldots \ldots \quad (48)$$

Ist die obere Temperatur T_1 gegeben, dann berechnet sich daraus der Druck p_1 und daraus v_1, oder umgekehrt, wenn p_1 gegeben ist, so berechnet sich die Temperatur T_1.

Arbeitsaufwand zum Hinausschieben der Luft:

$$L_{II}^{IV} = G\, p_1 v_1, \quad \ldots \ldots \quad (49)$$

wo

$$p_1 v_1 = B\, T_1. \quad \ldots \ldots \quad (50)$$

Der gesammte Arbeitsaufwand zum Herstellen der Verbrennungsluft ergiebt sich aus Gleichung 41 durch Einsetzen der Werthe für die verschiedenen L_{II}, nämlich:

$$L_{II} = G \left\{ p_1 v_1 + \frac{c_v}{A} (T_1 - T) + B\, T \operatorname{logn} \frac{p_2}{p} - p\, v \right\}$$

und in Folge der Beziehung 36:

$$L_{II} = G \left\{ \frac{c_p}{A} (T_1 - T) + B\, T \operatorname{logn} \frac{p_2}{p} \right\}. \quad \ldots \quad (51)$$

Was nun das Brennmaterial betrifft, so ist dasselbe ebenfalls mittels Pumpe anzusaugen und auf den Druck p_1 zu bringen, um dann mit konstantem Drucke in den Verbrennungsraum geschoben zu werden. Bei gasförmigem Material ist dabei eine Kompression erforderlich, und es wären hierfür alle eben angeführten Kompressionsgleichungen giltig, unter Weglassung des G (weil nur 1 kg Brennmaterial vorhanden). Wir wollen das gasförmige Brennmaterial hier zunächst ausser Acht lassen; für feste und flüssige Materialien ist:

$$\text{der Arbeitsgewinn beim Ansaugen} = L_B^{I} = p\, v_B, \quad \ldots \quad (52)$$

$$\text{der Arbeitsaufwand zum Einschieben in den Verbrennungsraum } L_B^{IV} = p_1 v_B, \quad (53)$$

da das spec. Volumen v_B als konstant angesehen wird.

Daher der gesammte Arbeitsaufwand zum Herbeischaffen des Brennmaterials

$$L_B^{IV} - L_B^{I} = (p_1 - p)\, v_B. \quad \ldots \ldots \quad (54)$$

Nunmehr sind die Arbeitsvorgänge im Verbrennungscylinder selbst zu untersuchen, deren Verlauf nebenstehendes Diagramm, Textfigur 4, veranschaulicht. Alle Arbeitsgrössen haben den Index I, damit andeutend, dass der Expansions- oder Verbrennungscylinder gemeint ist. Es sei dabei:

$0\,1$ = Eintritt der Verbrennungsluft unter konstantem Druck p_1; geleistete Arbeit L_I. Zustand im Punkte $1 = p_1\,v_1\,T_1$.

$1\,1_s$ = Verbrennungskurve nach irgend einem Verlauf. — Dabei geleistete Arbeit = L''_I; dieses L''_I kann man die Verbrennungsarbeit nennen. Dabei wird nach aussen abgeleitet die Wärme H_{III}, die wir den Heizwerth des Processes nennen, nach der Definition, dass der Heizwerth die während der Verbrennung nach aussen abgegebene Wärme ist. In Fig. 4 ist der Allgemeinheit wegen die Verbrennungskurve noch beliebig gelassen. Der konstante Druck ist als Specialfall davon aufzufassen. Der Zustand $p_{1_s}\,v_{1_s}\,T_{1_s}$ bezeichnet das Ende der Verbrennung.

$1_s\,2_s$ = Expansionskurve der verbrannten Gase; dieselbe sei stets adiabatisch gedacht. Geleistete Arbeit L'''_I, Endzustand $p_{2_s}\,v_{2_s}\,T_{2_s}$; einzelne dieser Werthe können wieder den atmosphärischen entsprechen; in unseren Untersuchungen expandiren wir meistens auf atmosphärischen Druck, daher für diesen Fall $p_{2_s} = p$.

$2_s\,m$ = Hinausschieben der Gasmasse in die Atmosphäre unter konstantem Drucke p. — Arbeitsaufwand L_I^{IV}.

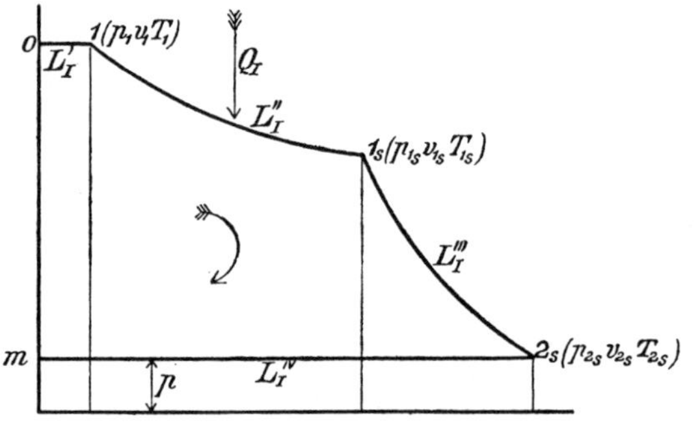

Fig. 4.

Die gesammte in diesem Diagramm gewonnene Arbeit ist:

$$L_I = L'_I + L''_I + L'''_I - L_I^{IV}. \quad \ldots \ldots \quad (55)$$

Die wirkliche Nutzarbeit des ganzen Processes ist dann = geleistete Arbeit weniger aufgewendeter Kompressionsarbeit, also:

$$L = L_I - L_{II}. \quad \ldots \ldots \quad (56)$$

Dieses L findet sich graphisch durch Aufeinanderlegen beider Diagramme, Fig. 3 und 4, und es entsteht nebenstehende Textfigur 5.

Der Endpunkt 2_s fällt mit dem Anfangspunkt a nicht ganz zusammen, da die Gasmenge G sich um 1 kg vermehrt hat. — Die schraffirte Fläche ist L; dieses L ist stets etwas grösser als die Arbeit des gleichverlaufenden reinen Kreisprocesses ohne Verbrennung. Dieses Plus ist um so bedeutender, je kleiner die Luftmenge G im Verhältniss zu dem 1 kg neu entwickelten Gases. — In unseren Fällen ist dieses Mehr an Arbeit stets vernachlässigbar klein (da $G \geqq 100$).

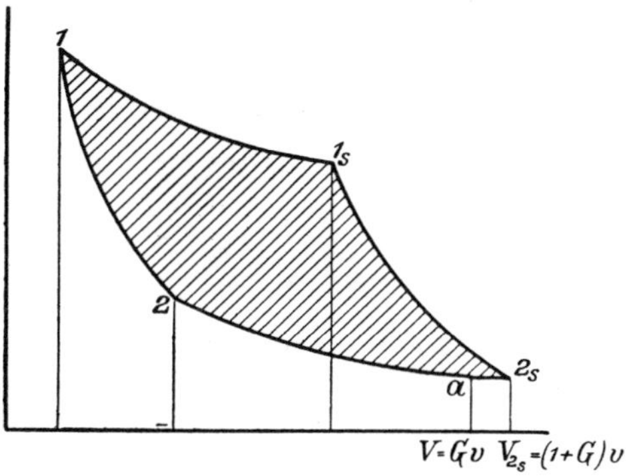

Fig. 5.

Zur Beherrschung der zahlreichen Bezeichnungen sei hier auf das System derselben hingewiesen:

1. Arbeits- und Wärmewerthe. Der Index I an denselben deutet stets an, dass der Verbrennungscylinder gemeint ist. Index II gilt ausschliesslich für den Kompressionscylinder. Arbeitswerthe ohne Index betreffen das resultirende Diagramm aus beiden Cylindern. Index B betrifft stets das Brennmaterial. Die Exponenten an den Arbeitswerthen bedeuten: I Ansaugen bei konstantem Druck, II isothermische Zustandsänderung, bezw. Verbrennungsarbeit, III adiabatische Aenderung, IV Hinausschieben bei konstantem Druck.

   Die Bezeichnung der Heizwerthe H ist eine besondere und aus dem Text zu ersehen.

2. Kurven. $1-1_s$ ist stets Verbrennungskurve; $1-2$ oder 1_s-2_s sind stets Adiabaten; 1, 1_s entsprechen immer den höheren, 2, 2_s immer den tieferen Drucken; der atmosphärische Zustand der Luft ist ausnahmslos ohne Index, mit p, v, T bezeichnet; die Zustände ohne Index, also $1-2$ gelten für unverbrannte Luft, die mit Index s, also $1_s=2_s$, für verbrannte Luft.

   Beispiel: v_{1_s} = Volumen der Luft am Ende der Verbrennung;
   p_1 = Druck vor, bezw. am Anfang der Verbrennung etc.

Principiell gehört zum Expansionsdiagramm auch noch der Arbeitsgewinn durch den Eintritt des Brennmaterials, derselbe ist:

$$= L_B^{IV} = p_1 v_B.$$

Subtrahirt man diesen Arbeitsgewinn vom Arbeitsaufwand nach Gleichung (54), so bleibt für die Herbeischaffung des Brennmaterials ein Arbeitsgewinn:

$$L_B = p\, v_B = L'_B \quad \ldots\ldots\ldots \quad (57)$$

übrig.

Man sieht, dass man wegen der Kleinheit des v_B die Arbeitsverhältnisse des Brennmaterials im Grunde ganz vernachlässigen kann, wenigstens für feste und flüssige Stoffe.

Nach diesen Auseinandersetzungen kann man wiederum die Formeln für den Verbrennungscylinder ohne Weiteres niederschreiben; es wird:

Eintrittsarbeit der Luft $L'_I = G\, p_1 v_1, \quad \ldots\ldots \quad (58)$

Eintrittsarbeit des Brennmaterials $L_B^{IV} = p_1 v_B. \quad \ldots\ldots \quad (59)$

Nun findet Zündung statt, entweder künstlich oder, wenn die Temperatur T_1 hoch genug ist, durch Selbstentzündung; man denke sich die Kohle im staubförmigen Zustand eingespritzt, oder flüssiges Material durch Zerstäubung nach einem gewissen Gesetze eingeführt.

Das Brennmaterial verbrennt; dabei wird die Wärme H_{III} nach aussen geleitet; der Druck bleibe, wie vorausgesetzt, konstant $= p_1$. Es wird also auch Arbeitsleistung stattfinden. — Einleuchtend ist, dass man H_{III} beliebig variiren kann, und zwar so, dass nach der Verbrennung entweder wieder die Temperatur T_1 herrsche (wie in Process I) oder dass die Endtemperatur T_{1_s} eine andere sei. Diese Endtemperatur kennen wir nicht, der Verlauf der Rechnung giebt aber Mittel, sie zu finden; sie sei zunächst als bekannt angenommen, dann ist das Volumen nach der Verbrennung:

$$V_{1_s} = (1 + G)\, v_{1_s}, \quad \ldots\ldots\ldots \quad (60)$$

wo

$$p_1 v_{1_s} = B\, T_{1_s} \text{ (wegen des konstanten Druckes } p_1). \quad \ldots \quad (61)$$

Das Volumen der Mischung vor der Verbrennung war:

$$V_1 = G\, v_1 + v_B. \quad \ldots\ldots\ldots \quad (62)$$

Der Arbeitsgewinn durch die Verbrennung an sich ist daher:

$$L''_I = p_1 (V_{1_s} - V_1) = p_1 \left\{ (1 + G)\, v_{1_s} - G\, v_1 - v_B \right\}. \quad \ldots \quad (63)$$

Nach Beendigung der Verbrennung ist also im Ganzen gewonnen die Arbeit:

$$L'_I + L_B^{IV} + L''_I = (1 + G)\, p_1 v_{1s}. \quad . \quad . \quad . \quad . \quad . \quad (64)$$

Der eigentliche Verbrennungsprocess ist hiermit zu Ende, nicht aber der Arbeitsprocess, da die unter Druck p_1 eingeschlossene Luft noch Arbeit leisten kann. Die Ausnutzung dieser Arbeit kann, wie früher das Komprimiren der Luft, auf verschiedene Weisen geschehen; man kann z. B. adiabatisch weit unter den atmosphärischen Druck expandiren und hierauf wieder, unter Wärmeabfuhr, isothermisch bis zu p komprimiren und dann erst die Gase hinausschieben. — Es sei aber schon jetzt erwähnt, dass dadurch der Expansionscylinder unpraktisch gross wird, und dass das isothermische Komprimiren eine grosse Komplikation der Maschine herbeiführt, der dabei erfolgende Arbeitsgewinn ist unbedeutend. — Wir wollen daher alle Expansionen blos bis zum atmosphärischen Druck p gehen lassen, und in diesem Zustand die Gase an die Atmosphäre zurückgeben; es handelt sich ja hier nicht um eine erschöpfende Darstellung aller Möglichkeiten, sondern um das Lossteuern auf ein bestimmtes Ziel, nämlich einer praktisch ausführbaren Maschine, unter Weglassung der Nebendinge.

Lässt man also adiabatisch bis zum atmosphärischen Druck p expandiren, so gewinnt man die Arbeit:

$$L'''_I = (1 + G) \frac{c_v}{A} (T_{1s} - T_{2s}), \quad . \quad . \quad . \quad . \quad . \quad . \quad (65)$$

die Endtemperatur T_{2s} ist dabei im Allgemeinen nicht = der atmosphärischen Temperatur, dieselbe berechnet sich aus der adiabatischen Beziehung:

$$\frac{T_{2s}}{T_{1s}} = \left(\frac{p}{p_1}\right)^{\frac{\varkappa - 1}{\varkappa}} = \left(\frac{v_{1s}}{v_{2s}}\right)^{\varkappa - 1} \quad . \quad . \quad . \quad . \quad . \quad . \quad . \quad (66)$$

Endlich ist der Arbeitsaufwand für Expulsion der Gase:

$$L_I^{IV} = (1 + G)\, p\, v_{2s}, \quad . \quad . \quad . \quad . \quad . \quad . \quad . \quad . \quad (67)$$

worin die Beziehung $p\, v_{2s} = B\, T_{2s}$ das v_{2s} berechnen lässt. (68)

Der gesammte Arbeitsgewinn im Verbrennungscylinder ist nun nach Gleichung (55)

$$L_I = (1 + G) \left\{ p_1 v_{1s} + \frac{c_v}{A} (T_{1s} - T_{2s}) - p\, v_{2s} \right\}$$

und in Folge der Beziehungen (36)

$$L_I = (1 + G)\frac{c_p}{A}(T_{1_s} - T_{2_s}). \quad \ldots \ldots \quad (69)$$

darin kann noch T_{2_s} aus Gleichung (66) durch bekannte Grössen ersetzt werden.

Nach Gleichung (56) ist nun der effektive Arbeitsgewinn des ganzen Processes

$$L = (1 + G)\frac{c_p}{A} T_{1_s}\left(1 - \frac{T_{2_s}}{T_{1_s}}\right) - G\frac{c_p}{A} T_1\left(1 - \frac{T}{T_1}\right) - G\,B\,T\,\mathrm{logn}\frac{p_2}{p}. \quad (70)$$

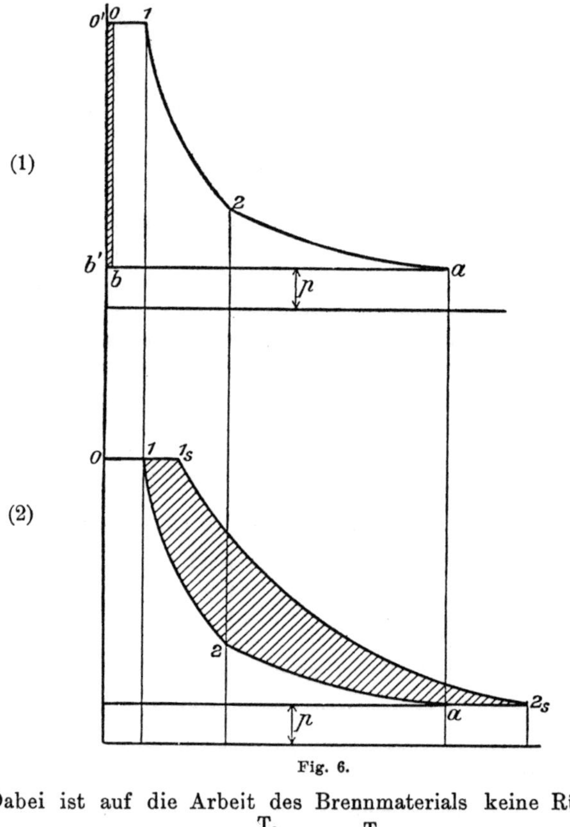

Fig. 6.

Dabei ist auf die Arbeit des Brennmaterials keine Rücksicht mehr genommen. Für die Werthe $\frac{T_{2_s}}{T_{1_s}}$ und $\frac{T}{T_1}$ gelten dabei die Gleichungen (66) bezw. (48)

Dem Gang der Entwickelung nach ist L die Arbeit, welche 1 kg Brennstoff bei seiner Verbrennung leisten kann, wie überhaupt unseren ganzen Untersuchungen immer 1 kg Brennstoff zu Grunde liegt.

Es zeigt sich also aus Gleichung (70), dass ein solcher Verbrennungsprocess, welcher unter Druck stattfindet, einen effektiven Arbeitsgewinn gestattet. Hierin liegt der principielle Unterschied zu den früheren Processen, und es handelt sich nur darum, diesen Arbeitsgewinn zu einem Maximum zu machen.

Die Diagramme dieses Processes sind die nebenstehenden: Textfig. 6 (1) und (2), worin die Verbrennungskurve nicht mehr beliebig, sondern als Linie konstanten Druckes angenommen ist.

(1) b a 2 1 0 ist das Kompressionsdiagramm; a 2 ist Isothereme, 2 1 Adiabate.
Das kleine schraffirte Streifchen ist das Diagramm des Brennmaterials.

(2) Expansionsdiagramm. — 0 1 ist Eintritt der Gase,
$1\ 1_s$ = Verbrennungskurve bei konstantem Druck,
$1_s 2_s$ = adiabatische Expansion.
Das Aufeinanderlegen beider Diagramme giebt in dem schraffirten Stück die Arbeit L, welche hier nicht Null ist.

b) Wärmevorgänge.

Wärmeinhalt der angesaugten Luft im Verbrennungscylinder:

$$G\,J_1 = G\,\{J_O + c_v\,T_1\} \quad \text{. . . . .} \quad (71)$$

Wärmeinhalt des angesaugten Brennmaterials:

$$J_B = J_B, \quad \text{. . . . .} \quad (72)$$

es soll nämlich, trotzdem es den Druck p_1 hat, nur die atmosphärische Temperatur besitzen, sein Wärmeinhalt ist also derselbe wie bei früheren Processen.

Wärmeabfuhr nach aussen, während der Verbrennung: H_{III}.

Wärmeinhalt im Cylinder nach der Verbrennung:

$$(1+G)\,J_{1_s} = (1+G)\,\{J'_O + c_v\,T_{1_s}\}. \quad \text{. . . . . .} \quad (73)$$

Arbeitsleistung der Verbrennung $= L''_I$ aus Gleichung (63).

Demnach gestaltet sich die Grundgleichung dieser Verbrennung wie folgt:

$$\underline{Q = H_{III} + A\,p_1\,\{(1+G)\,v_{1_s} - J\,G\,v_1 - v_B\} + (1+G)\,J'_O - G\,J_O +}$$
$$\underline{+\,c_v\,T_{1_s}(1+G) - c_v\,T_1\,G - J_B.} \quad \text{. . . . . .} \quad (74)$$

Subtrahirt man hiervon die Gleichung (27) aus Process I, so entsteht unter Berücksichtigung der Beziehungen (36):

$$\underline{H_I - H_{III} = (1 + G)\, c_p\, T_{1_s} - G\, c_p\, T_1 - c_p\, T - A\, v_B\, (p_1 - p)}, \quad (75)$$

vernachlässigen wir v_B, so entsteht:

$$\underline{H_I - H_{III} = c_p \left\{(1 + G)\, T_{1_s} - G\, T_1 - T\right\}}. \quad . \quad . \quad . \quad (75\,a)$$

Aus dieser Gleichung berechnet sich die früher unbekannt gebliebene Verbrennungstemperatur T_{1_s}, nämlich:

$$T_{1_s} = \frac{1}{1+G}\left\{\frac{H_I - H_{III}}{c_p} + G\, T_1 + T\right\} =$$

$$= \frac{G}{(1+G)}\, T_1 + \frac{1}{(1+G)}\left\{\frac{H_I - H_{III}}{c_p} + T\right\}, \quad . \quad . \quad . \quad . \quad (76)$$

eine Formel, welche viel Analogie mit der früher gefundenen (39) hat. Aus derselben wird:

$$G = \frac{H_I - H_{III} - c_p\,(T_{1_s} - T)}{c_p\,(T_{1_s} - T_1)} \quad . \quad . \quad . \quad . \quad . \quad . \quad (76\,a)$$

In Gleichung (76) lässt sich noch T_1 ersetzen aus Gleichung (48) und es entsteht:

$$T_{1_s} = \frac{1}{(1+G)}\left\{\frac{H_I - H_{III}}{c_p} + T\left(1 + G\left(\frac{p_1}{p_2}\right)^{\frac{\varkappa - 1}{\varkappa}}\right)\right\},$$

Wenn man also die Kompressionstemperatur T_1 der Verbrennungsluft wählt, so bestimmt sich aus (76) die Temperatur T_{1_s} am Ende der Verbrennung, welche gleichzeitig die höchste Temperatur ist, die im Process vorkommt; diese höchste Temperatur hängt vom Luftgewicht G ab; wir können aber auch das T_{1_s} willkürlich wählen und danach G bestimmen, statt umgekehrt, wie es bisher geschah.

Nach erfolgter Expansion bleibt in der ausgestossenen Luft noch eine Wärmemenge W enthalten, nämlich:

$$W = (1 + G)\, c_p\, (T_{2_s} - T). \quad . \quad . \quad . \quad . \quad . \quad . \quad . \quad . \quad (77)$$

In dem ganzen Processe wurde also zugeführt die Wärme:

$$Q_I = H_I - H_{III} \quad . \quad . \quad . \quad . \quad . \quad . \quad . \quad . \quad . \quad . \quad (78)$$

und abgeführt: bei der Kompression der Luft: Q_{II} und beim Ausstoss: W.

Die Differenz der zu- und abgeführten Wärmemengen ist:

$$(H_I - H_{III}) - W - Q_{II} = c_p \left\{(1 + G)\, T_{1s} - G\, T_1 - T\right\} -$$

$$- (1 + G)\, c_p\, (T_{2s} - T) - A\, G\, B\, T \operatorname{logn} \frac{p_2}{p} =$$

$$= (1 + G)\, c_p\, T_{1s} \left\{1 - \frac{T_{2s}}{T_{1s}}\right\} - - G\, c_p\, T_1 \left(1 - \frac{T}{T_1}\right) - A\, G\, B\, T \operatorname{logn} \frac{p_2}{p}, \quad (79)$$

und das ist genau = dem Aequivalent der geleisteten Arbeit nach Gleichung (70), womit die Richtigkeit der Wärmebilanz nachgewiesen ist.

Nun ist doch $H_I - H_{III} = Q_I$ diejenige Wärmemenge, welche dem Arbeitsprocess wirklich zugeführt wurde, da ja H_{III} aus irgend welchen absichtlichen oder unabsichtlichen Gründen nach aussen geführt wurde. — Der Vorgang ist ganz analog demjenigen in einem Dampfkessel. H_{III} repräsentirt die Ableitung während der Verbrennung, also alle Wärme, die durch Ableitung, durch den Schornstein u. s. w. verloren geht. $H_I - H_{III}$ ist die Wärme, welche dem Dampfkessel effektiv zugeführt wird; ist dann AL das Aequivalent der Arbeit, welche die Dampfmaschine leistet, so ist der thermische Wirkungsgrad:

$$\eta = \frac{A\, L}{H_I - H_{III}}; \quad \ldots\ldots\ldots \quad (80)$$

bekanntlich ist das Maximum dieses Wirkungsgrades für Dampfmaschinen, wenn T_1 die Kesseltemperatur, T die atmosphärische Temperatur:

$$\eta_{max.} = \frac{T_1 - T}{T_1}. \quad \ldots\ldots\ldots \quad (81)$$

In unserem Falle der Verbrennung drückt sich der thermische Wirkungsgrad gerade so wie Gleichung (80) aus, nämlich unter Berücksichtigung der Gleichungen 70 und 75a.

$$\eta = \frac{A\, L}{H_I - H_{III}} =$$

$$= \frac{(1 + G)\, c_p T_{1s} \left(1 - \frac{T_{2s}}{T_{1s}}\right) - G\, c_p\, T_1 \left(1 - \frac{T}{T_1}\right) - A\, G\, B\, T \operatorname{logn} \frac{p_2}{p}}{c_p \left\{(1 + G)\, T_{1s} - G\, T_1 - T\right\}}. \quad (82)$$

Es ist ziemlich umständlich, aus dieser allgemeinen Form der Gleichung sich eine klare Einsicht in die Vorgänge zu verschaffen. Dagegen wird die nachfolgende Betrachtung einiger Specialfälle, und besonders das Einsetzen von Ziffernwerthen, die Bedeutung des untersuchten Processes III klar hervortreten lassen. Zu betonen ist jedoch mit grösstem Nachdruck, dass man einen Verbrennungsprocess nicht ausschliesslich nach der Gleichung

$$\eta = \frac{A\,L}{H_I - H_{III}}$$

beurtheilen darf, sondern dass dazu unbedingt noch gehört, die Bedingungen festzustellen, nach welchen H_{III} möglichst klein, womöglich Null wird; denn H_{III} ist eine Wärmemenge, die man ableitet, also von vornherein verloren giebt. — Wir müssen also Folgendes anstreben:

1. In erster Linie H_{III} möglichst klein machen, womöglich $=$ Null.
2. In zweiter Linie η möglichst gross machen.

Wenn also auch η der thermische Wirkungsgrad der in die Maschine wirklich eingeführten Wärme ist, so müssen wir doch dahin streben, den Wirkungsgrad der gesammten entwickelten Wärme, also:

$$\eta' = \frac{A\,L}{H_I}, \qquad (83)$$

möglichst gross zu machen. — Es ist nicht zu verkennen, dass die einseitige Betrachtung nach Gleichung (80) bisher als Grund dafür anzusehen ist, dass unsere Wärmemotoren keine Fortschritte mehr machten.

c) Erster Specialfall des Processes III.

Die Feuerluftmaschinen.

Es sei keine isothermische Kompression angewendet, sondern blos adiabatische Kompression der Verbrennungsluft; es ist also, wie schon S. 12 erwähnt wurde, in den Formeln $p_2 = p$ zu setzen, woraus folgt:

1. für den Kompressionscylinder:

Der Arbeitsgewinn beim Ansaugen aus Gleichung (42) bleibt unverändert:

$$L'_{II} = G\,p\,v. \qquad (42a)$$

Die Arbeit der isothermischen Kompression (Gleichung 44) ist Null, desgl. die Wärmeabfuhr während der Kompression.

Aus Gleichung (47) folgt die Arbeit der adiabatischen Kompression:

$$L'''_{II} = \frac{G\,c_v}{A}(T_1 - T), \qquad (47a)$$

aus Gleichung (48) wird

$$\frac{T}{T_1} = \left(\frac{p}{p_1}\right)^{\frac{\varkappa-1}{\varkappa}} = \left(\frac{v_1}{v}\right)^{\varkappa-1} \qquad (48a)$$

Der Arbeitsaufwand zum Hinausschieben nach (49) bleibt unverändert:

$$L_{II}^{IV} = G\, p_1\, v_1 \quad \text{. . . . .} \quad (49a)$$

Der gesammte Arbeitsaufwand zum Herstellen der Verbrennungsluft wird nach (51)

$$L_{II} = \frac{G\, c_p}{A} (T_1 - T) = \frac{G\, c_p}{A} \left\{ \left(\frac{p_1}{p}\right)^{\frac{\varkappa - 1}{\varkappa}} - 1 \right\} \quad . \quad . \quad (51a)$$

2. Für den Verbrennungscylinder.

Hier findet gegen den vorher behandelten allgemeinen Fall keine Aenderung irgend welcher Verhältnisse statt; es bleiben deshalb für die Einzelvorgänge in diesem Cylinder die Gleichungen (60) bis (69) in unveränderter Gültigkeit. Ebenso bleiben unverändert die ganzen Wärmevorgänge, so dass auch die Gleichungen (71) bis (80) in Geltung bleiben.

3. Für den Gesammtprocess.

Aus der Vereinigung der für den Verbrennungscylinder gültigen Gleichung (66) mit der oben für die Kompression neu aufgestellten Gleichung (48a) folgt:

$$\frac{T}{T_1} = \frac{T_{2s}}{T_{1s}} \quad \text{. . . . .} \quad (84)$$

Die Einführung dieser Beziehung in Gleichung (70) ergiebt für den Arbeitsgewinn des Gesammtprocesses:

$$L = \frac{c_p}{A} \frac{T_1 - T}{T_1} \left\{ (1 + G)\, T_{1s} - G\, T_1 \right\}, \quad \text{. . . . .} \quad (85)$$

oder durch Einsetzen von T_{1s} aus (76)

$$L = \frac{c_p}{A} \frac{T_1 - T}{T_1} \left\{ \frac{H_I - H_{III}}{c_p} + T \right\}, \quad \text{. . . . .} \quad (86)$$

und aus Gleichung (82) unter Rücksicht auf (76)

$$\eta = \frac{A L}{H_I - H_{III}} = \frac{T_1 - T}{T_1} \left\{ 1 + \frac{T}{\frac{H_I - H_{III}}{c_p}} \right\} \quad \text{. . . .} \quad (87)$$

Die Arbeit pro kg Brennstoff ist daher gänzlich unabhängig von der Luftmenge G, dagegen abhängig von der Höhe der gewählten Kompressionstemperatur T_1 und von den Werthen H_I und H_{III}, d. h. vom Heizwerth und von den Verlusten während der Verbrennung.

Die Temperatur T_{1_s} nach Gleichung (76) ändert sich nicht gegenüber dem allgemeinen Fall; diese oberste Temperatur oder Verbrennungstemperatur ist also unabhängig von der Art, wie die Verbrennungsluft komprimirt wurde (gleiches T_1 vorausgesetzt), sondern lediglich abhängig von der Luftmenge G.

Der thermische Wirkungsgrad hängt ebenso wenig wie die Arbeit L, von der Luftmenge ab, sondern der Hauptsache nach nur von dem Gliede $\frac{T_1 - T}{T_1}$, d. h. von der Höhe der Kompression der Verbrennungsluft. Je höher man letztere komprimirt, um so höherer Wirkungsgrad ist zu erwarten; dieser Wirkungsgrad ist gänzlich unabhängig von der höchsten Temperatur T_{1_s}, welche im Process erreicht wird; es liegt also nicht das geringste Interesse vor, dieses T_{1_s}, die Verbrennungstemperatur, hoch zu machen, im Gegentheil, wenn es hoch ist, muss man, um die Organe der Maschine zu erhalten, die Schmierung zu ermöglichen etc., viel Wärme durch Wasserkühlung nach aussen führen; grosse T_{1_s} machen H_{III} gross; wir müssen daher T_{1_s} nach Möglichkeit erniedrigen. Gleichung (76) zeigt sofort, dass zu diesem Zweck G hoch zu wählen ist. Die grosse Luftmenge hat daher den Zweck, das H_{III} zu erniedrigen, d. h. den Cylinder möglichst wenig durch Wasser zu kühlen.

Der vorliegende Specialfall ist der gewöhnliche Betriebsfall der Feuerluftmaschinen. — Bei diesen ist T_1 nicht hoch, da die Verbrennungsluft höchstens auf 2—3 Atmosphären komprimirt wird, dagegen ist das Luftgewicht G sehr klein; es wird ja die Luft in einen geschlossenen Ofen gepumpt, es findet also jeder Ueberschuss von Luft sofort Kohle zur Verbrennung vor, und das Luftquantum G wird nur wenig von der theoretisch nothwendigen Luftmenge G = 11,3183 kg abweichen. In Folge dessen wird T_{1_s} sehr hoch, und man muss stark kühlen.

Setzen wir also G = 11,3183;

$$p = 1 \text{ Atmosphäre,}$$

(T = 293, entsprechend t = 20° C. für die Temperatur der Aussenluft), und kompromiren auf

$$p_1 = 3 \text{ Atmosphären,}$$

so entsteht aus (48a)

$$T_1 = 403 \quad (130^0 \text{ C.}),$$

(d. h. die Verbrennungsluft tritt mit 130° in den Ofen), dann aus (76)

$$T_{1_s} = \frac{H_I - H_{III}}{c_p \times 12{,}318} + 394.$$

Nun muss T_{1_s} eine praktische Grenze haben. Es scheint nicht gut möglich, damit über 2000° C., also $T_{1_s} = 2273$ zu gehen; setzen wir das ein, so entsteht:

$$H_I - H_{III} = 5791 \text{ Cal., und für } H_I = 7800,$$

$$H_{III} = 2009 \text{ Cal.} = \infty\ 26\,\% \text{ des Heizwerthes,}$$

diese sind also während der Verbrennung abzuführen, um überhaupt den Feuerraum, den Cylinder u. s. w. in praktisch möglichen Temperaturverhältnissen zu belassen.

Aus Gleichung (87) wird $\eta = 0{,}276$, also

$$AL = \eta\,(H_I - H_{III}) = 1566 \text{ Cal. oder rund } 20\,\% \text{ des Heizwerthes,}$$

das ist das theoretische Maximum, welches man in Feuerluftmaschinen heutiger Konstruktion in Arbeit verwandeln kann.

Die Temperatur der Abgase ist aus (84)

$$T_{2_s} = 1652\ (1379^0\ \text{C.}),$$

woraus $W = 4225$ Cal. $= 54\,\%$ des Heizwerthes mit den Abgasen weggehen.

Die theoretische Wärmebilanz ist also:

im Kühlwasser	26 %
an Arbeit	20 -
in den Abgasen	54 -
Summa	100 %

In Wirklichkeit entsteht noch weit weniger als 20% für den wirklichen Wirkungsgrad $\eta' = \frac{AL}{H_I}$ (trotzdem der thermische Wirkungsgrad $\eta =$ 0,276 ist) und zwar aus folgenden Gründen:

1. weil die Kompression meist 3 Atmosphären gar nicht erreicht;
2. weil die angenommene Temperatur von 2000° im Feuerraum praktisch noch zu hoch ist, daher schon während der Verbrennung mehr Wärme abgeführt werden muss;
3. weil auch während der Expansion Wärme abgeführt wird und wegen der Haltbarkeit der Maschine abgeführt werden muss, denn bei der genannten Temperatur der Abgase von 1400° würden der Cylinder, die Rohrleitungen u. s. w. noch glühen.

So ergab eine von Slaby untersuchte Feuerluftmaschine von Bénier (Z. d. V. d. Ing. 1889, No. 5) folgende Bilanz:

Im Kühlwasser	41,5 %	NB. Diese Maschine wird als die beste betrachtet und dient allen neueren Konstruktionen als Unterlage.
An Arbeit	6,0 -	
In den Abgasen . . .	46,5 -	
Strahlungsverluste etc. .	6,0 -	
Summa	100,0 %	

Dabei war das Luftgewicht nur wenig grösser als das theoretisch nothwendige (7,3 % Luftüberschuss); die höchste Temperatur im Arbeitscylinder war 1400° C., die Temperatur der entweichenden Gase 700°.

Es unterliegt keiner Schwierigkeit, den Process auf obigen Grundlagen auch dann zu untersuchen, wenn während der Expansion eine Wärmeabfuhr stattfindet. Es ist nun undenkbar, mit geschlossenen Feuerräumen bessere Ausnutzung zu erzielen, weil das Luftgewicht G immer ungefähr das theoretische sein wird, wodurch T_{1_s} sehr hoch wird und zur kräftigen Kühlung der Wände des Feuerraumes und Cylinders zwingt, nicht nur während der Verbrennung, sondern auch während der Expansion. Ferner ist es gar nicht denkbar, dass man in einem unter Druck stehenden Feuerraume, der so hohe Temperaturen aushalten muss, viel höhere Drucke als 3—4 Atmosphären erreichen kann, da Gusseisen und andere Materialien bei diesen Temperaturen durchlässig werden. — Man hat sich dadurch helfen wollen, dass man H_{III}, die abgeleitete Wärme, für sich verwendet, indem man das Wasser im Ofenmantel verdampfen und den Dampf, allein oder mit Luft gemischt, arbeiten lässt. Dieser Vorgang hat etwas Richtiges, macht aber die Maschinen, wie die neuesten Patente zeigen, unglaublich komplicirt; ausserdem wird dieses H_{III} selbst sehr ungünstig verwerthet; wenn wir die günstigsten Dampfmaschinen zum Muster nehmen, so könnte man davon etwa 7 % gewinnen, wodurch also der Gesammtwirkungsgrad um 2—3 % steigt. Dieser Gewinn rechtfertigt nicht die umständlichen Maschinen, welche in letzter Zeit vorgeschlagen wurden, um Feuergase und Wasserdampf gleichzeitig arbeiten zu lassen.

Als einziges Rettungsmittel der Feuerluftmaschine betrachtet man allgemein die Zufügung eines Regenerators; Zeuner hat theoretisch nachgewiesen, dass durch einen solchen die gesammte Wärme der Abgase (40—50 %) wieder gewonnen werden kann; alle neueren Patente enthalten deshalb auch einen Regenerator.

Wir wollen einmal die Wirkung dieses Apparates auf Grund unserer neuen Formeln untersuchen.

Es sei angenommen, dass der Regenerator der angesaugten Verbrennungsluft die volle Temperatur T_{2_s} der abziehenden Gase mittheile, wodurch der Verlust $W = 0$ wird.

Es ist dann in Formel (87) statt T T_{2_s} zu setzen, und statt T_1 eine höhere Temperatur T'_1, im Allgemeinen auch ein anderer Druck p'_1 (statt p_1). Es wird dann:

$$\eta = \left(1 - \frac{T_{2_s}}{T'_1}\right) \left\{ 1 + \frac{T_{2_s}}{\frac{H_I - H_{III}}{c_p}} \right\} \quad . \quad . \quad . \quad . \quad . \quad (88)$$

Dabei galt früher die Gleichung (48a):

$$\frac{T}{T_1} = \left(\frac{p}{p_1}\right)^{\frac{\varkappa - 1}{\varkappa}},$$

während jetzt für die adiabatische Kompression diese Gleichung die Form annimmt:

$$\frac{T_{2_s}}{T'_1} = \left(\frac{p}{p'_1}\right)^{\frac{\varkappa - 1}{\varkappa}} \quad \dots\dots\dots\dots \quad (89)$$

Nimmt man an, man komprimire auf denselben Enddruck wie früher, also $p'_1 = p_1$, so folgt:

$$\frac{T_{2_s}}{T'_1} = \frac{T}{T_1}, \quad \dots\dots\dots\dots \quad (90)$$

daher wird der Wirkungsgrad mit Regenerator:

$$\eta = \left(1 - \frac{T}{T_1}\right)\left\{1 + \frac{T_{2_s}}{\frac{H_I - H_{III}}{c_p}}\right\}. \quad \dots\dots \quad (91)$$

Vergegenwärtigt man sich die Zahlenwerthe, so zeigt sich, dass der Werth $\frac{H_I - H_{III}}{c_p}$ so gross ist, dass der Faktor $\left(1 - \frac{T}{T_1}\right)$ der maassgebende bleibt, und dass demnach der Wirkungsgrad durch den Regenerator nur unmerkbar vergrössert wird. — In dem vorhin berechneten Fall würde $\eta = 0{,}289$, statt 0,276 ohne Regenerator. Gewinn, theoretisch 1,3%.

In dieser Rechnung steckt aber der Fehler, dass wir $H_I - H_{III}$ in beiden Fällen gleich gross annahmen. Verfolgt man den Vorgang weiter, so wird aus Formel (76) die Verbrennungstemperatur:

$$T_{1_s} = \frac{1}{1+G}\left\{\frac{H_I - H_{III}}{c_p} + G\,T'_1 + T_{2_s}\right\}. \quad \dots\dots \quad (92)$$

oder

$$H_I - H_{III} = c_p\left\{(1+G)\,T_{1_s} - G\,T'_1 - T_{2_s}\right\}. \quad \dots \quad (93)$$

Ohne Regenerator war:

$$H_I - H_{III} = c_p\left\{(1+G)\,T_{1_s} - G\,T_1 - T\right\} \text{ (Formel 75a).}$$

Nun müssen wir doch in beiden Fällen die Grenze für T_{1_s} gleich annehmen, da mit oder ohne Regenerator die Maschine zu hohe Temperaturen eben nicht aushalten kann; setzt man T_{1_s} in beiden Fällen gleich, so sieht man, dass:

$$(H_I - H_{III})_{\text{mit Regenerator}} < (H_I - H_{III})_{\text{ohne Regenerator}},$$

d. h. im Falle des Regenerators muss man weit mehr Wärme H_{III} nach aussen leiten; wenn dies auch auf den thermischen Wirkungsgrad nach Gleichung (91) fast ohne Bedeutung ist, so ist es auf die pro 1 kg Kohle geleistete Arbeit $A\,L = \eta\,(H_I - H_{III})$ von direkt proportionalem Einfluss, und somit auch auf den wirklichen Wirkungsgrad $\eta' = \frac{A\,L}{H_I}$.

In dem früheren Beispiel war:

$$T = 293$$
$$T_1 = 403$$
$$T_{2s} = 1652.$$

Hieraus ergiebt Gleichung (89):

$$T'_1 = 2326 = 2053^0\ C.$$

Es ist also schon durch die geringe Kompression auf 3 Atmosphären allein die Maximalgrenze von 2000⁰ C. überschritten; man muss daher schon während der Kompression kühlen, und kann nach derselben überhaupt keine Wärmezufuhr stattfinden lassen, d. h. dieser Process würde Arbeit erfordern, statt liefern. — Es zeigt sich hieraus, in wie rascher Weise $H_I - H_{III}$ abnimmt; H_{III}, die abzuführende Wärme, wird bei Anwendung des Regenerators so gross, dass nur wenig vom Heizwerth übrig bleibt, um Arbeit zu leisten. Wir schliessen aus dieser Untersuchung:

1. Der Regenerator beeinflusst den thermischen Wirkungsgrad der in die Maschine gelangenden Wärme fast nicht;
2. er zwingt aber zu sehr erhöhter Wärmeabfuhr durch die Wände des Ofens und Cylinders, und zwar so sehr, dass schon bald die Grenze erreicht wird, wo die ganze durch die Kohle erzeugte Wärme abzuführen ist und keine Arbeit mehr entsteht.

Dieses Resultat widerspricht den gegenwärtigen Anschauungen der technischen und wissenschaftlichen Welt, ist aber, nach Vorstehendem, unabweisbar.

Eine praktische Verwerthung des Processes III ist nur in folgender Weise denkbar: sehr hohe Kompressionen der Verbrennungsluft zur Erzielung hoher Wirkungsgrade; sehr grosse Luftgewichte und Verbrennung im Cylinder selbst durch Einspritzung kleiner Quantitäten Kohle oder anderer Brennmaterialien in die komprimirte Luft selbst, unter möglichst geringer, bezw. keiner Kühlung der Cylinderwandungen; Abschaffung des Ofens, Abschaffung des Regenerators. — *Damit ist aber das grundlegende Princip der heutigen Feuerluftmaschinen, der geschlossene Ofen, verlassen, und es entsteht eine neue Maschine, deren Princip ein ganz anderes ist.*

Eine solche Maschine wird sich wenig unterscheiden von derjenigen, welche das Endziel dieser Untersuchung bildet; wir werden deshalb später hierauf zurückkommen.

d) Zweiter Specialfall des Processes III.

(Wärmeabfuhr $H_{III} = 0$.)

Es wurde schon mehrfach als das Ideal einer Verbrennung zu Arbeitszwecken diejenige bezeichnet, bei welcher kein Heizwerth entsteht, wo also $H_{III} = 0$ ist. — Setzen wir dies in die Formeln ein, unter derselben Voraussetzung, wie in Specialfall 1, dass blos adiabatische Kompression der Verbrennungsluft stattfinde, so entsteht:

aus (76)

$$T_{1_s} = \frac{1}{1+G}\left\{\frac{H_I}{c_p} + G\,T_1 + T\right\}, \quad . \; . \; . \; . \; . \quad (94)$$

und hiermit aus (86):

$$L = \frac{c_p}{A}\,\frac{T_1 - T}{T_1}\left\{\frac{H_I}{c_p} + T\right\}; \quad . \; . \; . \; . \; . \; . \; . \quad (95)$$

aus (87):

$$\eta = \frac{T_1 - T}{T_1}\left\{1 + \frac{T}{\frac{H_I}{c_p}}\right\}, \quad . \; . \; . \; . \; . \; . \; . \quad (96)$$

darin ist der 2. Summand der Klammer gegen 1 vernachlässigbar klein; es wird bei $H_I = 7800$, $\frac{H_p}{c_p} = 32\,842$, und bei $T = 293$ wird:

$$\eta = \frac{T_1 - T}{T_1}\left\{1 + 0{,}009\right\}, \quad . \; . \; . \; . \; . \; . \; . \quad (97)$$

man kann daher fast ohne Fehler setzen:

$$\eta = \frac{T_1 - T}{T_1} \quad . \; . \; . \; . \; . \; . \; . \; . \; . \; . \quad (97\,a)$$

Es ergiebt sich noch aus (77) unter Rücksicht auf (84) und (94):

$$W = (1 + G)\,c_p\left(T_{1_s}\frac{T}{T_1} - T\right) = (1 + G)\,c_p\,\frac{T}{T_1}\left(T_{1_s} - T_1\right) =$$

$$= \left(\frac{H_I}{c_p} + T - T_1\right) c_p\,\frac{T}{T_1} \quad . \; . \; . \; . \; . \; . \; . \quad (98)$$

Man sieht, dass die Wärmeabfuhr vom Luftquantum unabhängig ist.

Es wird bei grossem G sowohl T_{1s} als T_{2s} klein, bei kleinem G werden beide gross; der in den abziehenden Gasen enthaltene Wärmewerth bleibt aber konstant.

Aus Gleichung (94) ergiebt sich nun aber für G keine willkürliche Wahl mehr; vielmehr hat unter den gemachten Voraussetzungen G einen einzigen, präcisen Werth, nämlich:

$$G = \frac{H_I - c_p(T_{1s} - T)}{c_p(T_{1s} - T_1)} \quad \ldots \ldots \ldots \quad (99)$$

Diese Gleichung ist im Grunde das wichtigste Resultat des Processes III; sie giebt uns für eine gewählte höchste Temperatur T_{1s} dasjenige Luftgewicht an, für welches die Wärmeabfuhr während der Verbrennung = Null wird, welche also pro 1 kg Kohle den höchsten Werth der Arbeit L (Gleichung 95) ergiebt. — Der Grad der Wärmeausnutzung ist dabei durch Gleichung (96) gegeben, also lediglich abhängig von der Höhe der Kompression der Verbrennungsluft.

Gleichung (99) ergiebt folgende Zahlenwerthe bei $T = 293 = 20^0$ C. und $T_1 = 1073 = 800^0$ C., d. h. für Kompression auf 800^0 für alle Fälle gleichmässig:

t_{1s} =	900	1200	1400	1600	^{0} C.
T_{1s} =	1173	1473	1673	1873	^{0} C.
G =	319,6	79,0	52,4	39,1	kg Luft per 1 kg Kohle.

Um also 1 kg Kohle möglichst auszunutzen, muss um so weniger Luft zur Verbrennung zugelassen werden, als man eine höhere Maximaltemperatur im Cylinder zulässt. — Die Grösse der Maschine hängt also von der zugelassenen höchsten Temperatur ab; der wirkliche Wirkungsgrad aber nur von der Höhe der Kompression der Verbrennungsluft; dieser Wirkungsgrad ist der Hauptsache nach identisch mit dem Carnot'schen, wobei nicht T_{1s} als höchste Temperatur des Processes einzusetzen ist, sondern T_1, d. i. die der Luftkompression entsprechende Temperatur. — Man müsste also bei Ausführung dieser Maschine eine richtige Wahl zwischen höchster Temperatur, Grösse der Maschine und Luftkompression treffen.

e) Dritter Specialfall des Processes III.

Vollkommene Ausnutzung der Wärme.

Die Verbrennung bei konstantem Druck werde so geleitet, dass auch die Temperatur konstant bleibe (ähnlich wie bei Process I); es ist dann zu setzen $T_{1s} = T_1$.

Es entsteht dann aus Gleichung (75a):

$$H_I - H_{III} = c_p(T_1 - T) \quad \ldots \ldots \ldots \quad (100)$$

Nehmen wir noch hier an, die Kompression habe blos adiabatisch stattgefunden, dann folgt aus (85):

$$L = \frac{c_p}{A}(T_1 - T). \quad . \; . \; . \; . \; . \; . \; . \; . \; . \quad (101)$$

Somit:

$$\eta = \frac{A\,L}{H_I - H_{III}} = 1. \quad . \; . \; . \; . \; . \; . \; . \; . \; . \quad (102)$$

Es entsteht also hier scheinbar der Satz, dass man eine gegebene Wärmemenge total in Arbeit verwandeln kann, und nicht blos den Carnot'schen Bruchtheil. Bedingung ist aber dabei, dass die Wärme aus einem chemischen Vorgange entstehe und direkt auf die Molekel übertragen werde, unter welchen der Vorgang stattfindet.

Wenn man jedoch der Sache auf den Grund geht, so zeigt sich, dass nicht die Wärme H_I durch den chemischen Vorgang entsteht, sondern in Wirklichkeit Q, die Verbrennungswärme. Legt man diese als verfügbare Wärme zu Grunde, so weichen die Resultate keineswegs von den bekannten Sätzen der Wärmetheorie ab. Wir sind aber so gewöhnt, H_I als verfügbare Wärme zu betrachten, dass von diesem Standpunkte aus der Satz $\eta = 1$ als richtig erscheint.

Setzen wir in diesem Process noch $H_{III} = 0$, so entsteht aus (100):

$$T_1 = T + \frac{H_I}{c_p}, \quad . \; . \; . \; . \; . \; . \; . \; . \; . \quad (103)$$

wählen wir also die Kompressionstemperatur T_1 so, dass sie dieser Gleichung (103) genügt, so wird der Heizwerth H_I total in Arbeit verwandelt.

Setzen wir die bekannten Werthe ein, so entsteht

$$T_1 = 33135 = 32862^0\ C.$$

Man sieht sofort, dass man hier auf eine praktische Unmöglichkeit stösst, bezw. dass wiederum die praktische Nothwendigkeit einer Maximaltemperatur im Cylinder den Folgerungen der Theorie entgegen ist.

Es folgt daraus, dass der Heizwerth der Kohlen viel zu gross ist, um in den Verbrennungsgasen als solchen verwerthet zu werden; für $H_I = 500$ Kalorien entsteht aus (103) $T_1 = 2293 = \sim 2000^0$ C. — Von einem solchen Brennmaterial könnte daher der gesammte Heizeffekt in Arbeit verwandelt werden; bei den wirklich vorliegenden Brennmaterialien dagegen muss der grosse Wärmeüberschuss an fremde Körper übertragen werden, wofür man am besten einen Ueberschuss von Verbrennungsluft wählt, wie unsere ganze Theorie bisher zeigte.

Wir wollen die Specialfälle nicht mehr weiter variiren, sondern nunmehr einen

§ 7. IV. Verbrennungsprocess

behandeln, nämlich den unter konstantem Volumen.

Der Allgemeinheit wegen werde hier gleich von vornherein komprimirte Verbrennungsluft angenommen.

a) Arbeitsvorgänge.

Für die Kompression gelten die Gleichungen (41) bis (51), wie sie auf S. 12—13 aufgestellt wurden.

Die Vorgänge im Verbrennungscylinder sind dann folgende:

Arbeitsgewinn bei Eintritt der Verbrennungsluft:

$$L'_I = G\, p_1\, v_1, \quad \dots \dots \quad (104)$$

wo

$$p_1\, v_1 = B\, T_1, \quad \dots \dots \quad (105)$$

die Arbeit des Brennmaterials wird vernachlässigt.

Während der Zündung und Verbrennung findet wegen des konstanten Volumens keine Arbeit statt, daher Verbrennungsarbeit:

$$L''_I = 0. \quad \dots \dots \quad (106)$$

Dagegen steigt dabei der Druck auf p_{1_s}, die Temperatur auf T_{1_s}; T_{1_s} berechnet sich später aus den Wärmevorgängen; es sei zunächst als bekannt angesehen, dann ist zur Berechnung des Druckes:

$$p_{1_s}\, v_1 = B\, T_{1_s}. \quad \dots \dots \quad (107)$$

Nun lässt man adiabatisch auf atmosphärischen Druck expandiren, dabei ist der Arbeitsgewinn:

$$L'''_I = (1 + G) \frac{c_v}{A} (T_{1_s} - T_{2_s}), \quad \dots \dots \quad (108)$$

dabei:

$$\frac{T_{2_s}}{T_{1_s}} = \left(\frac{p}{p_{1_s}}\right)^{\frac{\varkappa - 1}{\varkappa}} = \left(\frac{v_1}{v_{2_s}}\right)^{\varkappa - 1} \quad \dots \dots \quad (109)$$

Die Arbeit des Hinausschubes ist:

$$L_I^{IV} = p\, v_{2_s} (1 + G), \quad \dots \dots \quad (110)$$

wo

$$p\, v_{2_s} = B\, T_{2_s}. \quad \dots \dots \quad (111)$$

Der gesammte Arbeitsgewinn ist:

$$L_I = G\, p_1\, v_1 + (1+G)\,\frac{c_v}{A}\,(T_{1_s} - T_{2_s}) - (1+G)\, p\, v_{2_s}, \quad . \quad (112)$$

oder in Folge der Beziehungen (36)

$$L_I = G\, B\, T_1 + \frac{1+G}{A}\left\{ c_v\, T_{1_s} - c_p\, T_{2^s} \right\} \quad . \; . \; . \quad (113)$$

und unter Abzug der Kompressionsarbeit die indicirte Nutzarbeit des Processes:

$$L = L_I - L_{II} = \frac{G}{A}\left\{ c_v\,(T_{1_s} - T_1) - c_p\,(T_{2_s} - T) \right\} + \frac{1}{A}\left\{ c_v\, T_{1_s} - c_p\, T_{2_s} \right\} +$$

$$+ G\, B\, T \operatorname{logn} \frac{p_2}{p}; \quad . \; . \; . \; . \; . \; . \; . \; . \quad (114)$$

man kann hier noch T_{1_s}, T_{2_s} u. s. w. eliminiren, ohne dadurch an Uebersichtlichkeit zu gewinnen, weshalb wir es hier unterlassen.

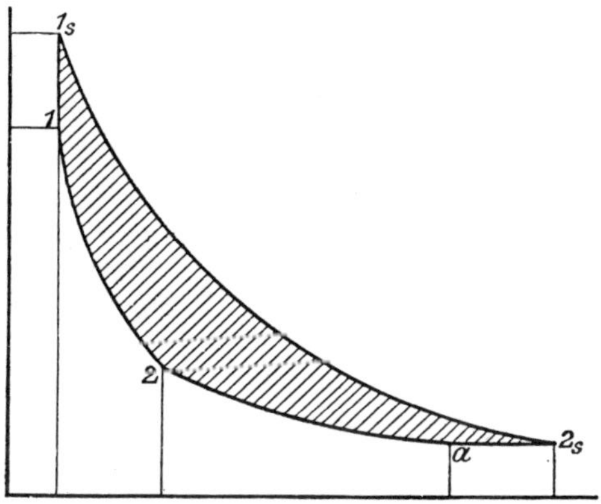

Fig. 7.

Das Diagramm, bezw. die Aufeinanderlegung beider Diagramme, ergiebt nebenstehende Textfig. 7, die nach den Bezeichnungen und früheren Erläuterungen ohne Weiteres verständlich ist.

b) Wärmevorgänge.

Wir können, nach dem Vorgang von früher, die Grundgleichung sofort niederschreiben, nämlich:

$$Q = (1+G)\left\{ J'_O + c_v\, T_{1_s} \right\} - G\left\{ J_O + c_v\, T_1 \right\} - J_B + H_{IV} + 0, \quad (115)$$

H_{IV} sei dabei die nach aussen geleitete Wärme. — Die äussere Arbeit der Verbrennung ist = 0.

Ziehen wir hiervon die Gleichung (27) des Processes I ab, so entsteht:

$$H_I - H_{IV} = c_v \{(1 + G) T_{1_s} - G T_1\} - c_p T, \quad . \quad . \quad . \quad (116)$$

woraus die Verbrennungstemperatur:

$$T_{1_s} = \frac{1}{1+G} \left\{ \frac{H_I - H_{IV}}{c_v} + G T_1 + \varkappa T \right\}, \quad . \quad . \quad . \quad . \quad (117)$$

oder:

$$T_{1_s} = \frac{G}{1+G} T_1 + \frac{\varkappa}{1+G} \left\{ \frac{H_I - H_{IV}}{c_p} + T \right\}, \quad . \quad . \quad (117\,a)$$

woraus noch:

$$G = \frac{(H_I - H_{IV} - c_v T_{1_s} + c_p T)}{c_v (T_{1_s} - T_1)}; \quad . \quad . \quad . \quad . \quad (118)$$

ein Vergleich mit Formel (76) zeigt die Analogie des Resultates; er zeigt auch, dass T_{1_s} im Process IV wesentlich höher wird als in Process III (unter sonst gleichen Umständen).

Die Wärmeabfuhr in den Abgasen ist:

$$W = (1 + G) c_p (T_{2_s} - T). \quad . \quad . \quad . \quad . \quad . \quad . \quad (119)$$

Die Differenz der zu- und abgeführten Wärmen:

$$(H_I - H_{IV}) - W - Q_{II} = c_v \{(1 + G) T_{1_s} - G T_1\} - c_p T -$$

$$(1 + G) c_p (T_{2_s} - T) - A G B T \operatorname{logn} \frac{p_2}{p} = G \left\{ c_v (T_{1_s} - T_1) - c_p (T_{2_s} - T) \right\} +$$

$$+ (c_v T_{1_s} - c_p T_{2_s}) - A G B T \operatorname{logn} \frac{p_2}{p},$$

das ist genau das Aequivalent der geleisteten Arbeit nach (114), womit die Richtigkeit der Wärmebilanz erwiesen ist.

Endlich wird:

$$\eta = \frac{A L}{H_I - H_{IV}} =$$

$$= \frac{G c_p T_{1_s} \left(1 - \frac{T_{2_s}}{T_{1_s}}\right) - G c_p T_1 \left(1 - \frac{T}{T_1}\right) - A G B T \operatorname{logn} \frac{p_2}{p} + c_v T_{1_s} \left(1 - \frac{T_{2_s}}{T_{1_s}}\right) - p v_{2_s}}{c_v \{(1 + G) T_{1_s} - G T_1\} - c_p T} \quad (120)$$

Ohne auf eine allgemeine Diskussion dieser Formeln einzugehen, sei gleich ein

c) Specialfall des Processes IV,
der Gasmotor,

erörtert. Es sei wiederum keine isothermische Kompression, sondern blos adiabatische angewandt. Dann ist in sämmtlichen Formeln $p_2 = p$ zu setzen, und es entstehen folgende Beziehungen:

1. Für den Kompressionscylinder:

Hier gelten die Formeln (42a) bis (51a) auf S. 22), wie aus deren Ursprung ohne Weiteres einleuchtet.

2. Für den Verbrennungscylinder.

Da für diesen die Art der Luftkompression keinen Einfluss hat, so gelten hier die oben aufgestellten allgemeinen Gleichungen (104) bis (113). Auch die Wärmevorgänge werden durch die Art der Kompression nicht berührt, weshalb auch die Gleichungen (115) bis (119) in Kraft bleiben.

3. Für den Gesammtprocess.

Die Gleichung (114) verwandelt sich in:

$$L = \frac{G}{A} \left\{ c_v \left(T_{1_s} - T_1\right) - c_p \left(T_{2_s} - T\right) \right\} + \frac{1}{A} \left\{ c_v T_{1_s} - c_p T_{2_s} \right\}; \quad (114\,a)$$

den Werth

$$\eta = \frac{A\,L}{H_I - H_{IV}} \quad \ldots\ldots\ldots \quad (120\,a)$$

aus Gleichung (120) wollen wir in dieser allgemeinen Form stehen lassen.

Dieser Fall ist derjenige der Gas- bezw. Petroleummotoren. — Für Gasmotoren wäre noch die Kompressionsarbeit des Gases selbst einzuführen, die man aber nachher wieder gewinnt. Dieser kleine Unterschied, den wir hier ausser Acht lassen wollen (es wurde früher gezeigt, welchen Einfluss er auf die Formeln hat), hat auf die folgenden ganz principiellen Schlüsse keinen maassgebenden Einfluss; man mag sich übrigens statt des Gases verdunstetes und zerstäubtes Petroleum denken.

Die Gasmotoren verwenden ca. 10 Volumen Luft auf 1 Volum Gas; erstere hat eine Dichte von rund 1,2, letzteres 0,6. Es ist also rund das Luftgewicht das 20fache des Gasgewichtes, d. h. $G = 20$. — Die theoretische Luftmenge wäre $G = \infty\ 14$ kg; man weiss, dass ein Theil dieser Luft aus den Abgasen des vorhergehenden Hubes besteht, es gelten aber hierfür dieselben Formeln wie für Luft.

Der Heizwerth des Leuchtgases ist im Mittel pro Kilogramm rund $H_I = 10\,000$ Kal. Die Kompression in den Gasmotoren geht im Allgemeinen nicht höher als 3 Atmosphären. Es berechnet sich daraus

(s. S. 24) $T_1 = 403$ (130^0 C.), wenn $T = 293$ (20^0 C.). Mit diesen Zahlen ergiebt Gleichung (118), wenn wir wiederum festsetzen, dass $T_{1_s} = 2273$ (2000^0 C.) nicht überschritten werden darf:

$$H_I - H_{IV} = 6610 \text{ Kal.},$$

$$H_{IV} = 3390 \text{ Kal.} = \text{rund } 34\,\% \text{ des Heizwerthes des Leuchtgases}$$

Diese sind von vornherein abzuleiten, um den praktischen Gang der Maschine möglich zu machen.

Man sieht, dass eine Vergrösserung des G eine sehr rasche Verminderung der Verbrennungstemperatur T_{1_s} nach sich zieht; es ist aber bekannt, dass bei grösserem G, also sehr verdünntem Gase, die Zündung nicht mehr vor sich geht. Es liegt also hier ein principieller Fehler vor, der nicht zu beseitigen ist, wenn man nicht das Princip des Gasmotors, die Mischung der Luft und des Brennmaterials, radikal verlässt.

Nun ergeben sich noch folgende Werthe:

aus (105) $v_1 = 0{,}3805$ cbm pro kg Luft; also wird das Kompressionsvolumen:

$$V_1 = G\,v_1 = 7{,}610 \text{ cbm pro kg Gas},$$

aus (107) $p_{1_s} = 174\,850 = 17{,}48$ Atmosphären als höchster Druck der Verbrennung,

aus (109) $T_{2_s} = 988 = 715^0$ C. als Temperatur der Abgase,

aus (119) $W = 3\,466$ Kal. $= 34{,}6\,\%$ von H_I als Wärmeinhalt der Abgase.

aus (114) $A\,L = 3\,149$ Kal. $= 31{,}5\,\%$ des Heizwerthes als Nutzarbeit.

Die Wärmebilanz ist daher folgende:

im Kühlwasser	33,9 %
als Arbeit	34,6 -
in den Abgasen	31,5 -
Summa	100,0 %.

Ein klassisch gewordener Versuch an einem Otto'schen Motor ergab, (Richard, deux communications sur les moteurs à Gaz, 1891, S. 5):

im Kühlwasser	43,2 %
als Arbeit	22,1 -
in den Abgasen	35,5 -
Summa	100,8 %.

Man sieht, dass unsere Theorie ziemlich übereinstimmende Resultate mit der Praxis giebt, nur ist der Verlust im Kühlwasser in Praxis grösser, weil Wärmeabfuhr auch während der Expansion stattfindet; das Manko zeigt sich in der geringeren Arbeitsleistung.

Es unterliegt keiner Schwierigkeit, auch diesen Process mit Hilfe unserer Formeln unter der Voraussetzung zu verfolgen, dass auch während der Expansion Wärmeabfuhr stattfindet.

Der thermische Wirkungsgrad der dem Motor zugeführten Wärme ist nach (120)

$$\eta = \frac{AL}{H_I - H_{IV}} = 47{,}6\,\%,$$

also gar nicht schlecht.

Der wirkliche Wirkungsgrad aber ist

$$\eta' = \frac{AL}{H_I} = \text{rund } 33\,\% \text{ theoretisch, in Praxis rund } 20-22\,\%.$$

Wir haben schon gesehen, dass der Verlust H_{IV} aus rein praktischen Gründen unvermeidlich ist, so lange man das Princip der Gasmotoren beibehält. Komprimirt man höher, so wird T_1 höher, und proportional dazu T_{1_s}; in Folge davon ist grössere Wärmeabfuhr durch das Kühlwasser nöthig. Es ist also richtig, wenn die Praxis bewiesen hat, dass die Kompression bei Gasmotoren nicht höher gehen soll, obgleich die Theorie gerade das als Fortschritt bezeichnet.

Es ist auch ohne Weiteres einzusehen, dass alle Vorrichtungen, welche eine geringere Wärmeabfuhr H_{IV} bezwecken, einfach den Erfolg haben, dass die Abgase mehr Wärme entführen; es steigt dann T_{1_s} und dementsprechend T_{2_s}. — Die Summe beider Verluste bleibt konstant, und alle diese Vorrichtungen ändern nicht die Nutzarbeit L pro kg Gas. — Nach den früheren Auseinandersetzungen bedarf es wohl nicht mehr des Beweises, dass auch bei Gasmotoren die Regeneratoren nur zur Folge haben, das H_{IV} zu vergrössern und den wirklichen Wirkungsgrad zu verringern. A. Witz spricht in seinem klassischen Werke: „Traité théorique et pratique des moteurs à gaz“ diese Ansicht auch schon aus, steht aber mit derselben vereinzelt; denn G. Richard fasst die heutigen Anschauungen und Bestrebungen in der früher erwähnten Schrift folgenderweise zusammen: „C'est donc aux régénérateurs qu'il faudrait théoriquement recourir pour réaliser le seul perfectionnement notable du cycle des moteurs à gaz, dont on entrevoit en ce moment la possibilité“.

Die weiter oben gegebene Theorie dürfte die Meinungsverschiedenheit über den Werth des Regenerators endgiltig schlichten.

§ 8. V. Verbrennungsprocess.

Nachdem Verbrennungen bei konstantem Druck und konstantem Volumen betrachtet worden, liegt es nahe, auch solche bei konstanten Temperaturen zu untersuchen; dieselben können als isothermische Verbrennungsprocesse bezeichnet werden. Man kann sich sehr wohl vorstellen, dass eine kleine Quantität Kohle oder flüssiges oder gasförmiges Brennmaterial in Staubform in ein Volumen komprimirter und dadurch hoch erhitzter Luft allmählich eingeführt werde und darin spontan oder durch

Entzündung verbrenne, dass aber dann gleichzeitig der Kolben so zurückweiche, dass keine Temperatursteigerung eintrete, indem die durch die einzelnen Brennstoffpartikel erzeugte Wärme durch die Abkühlung, welche die Expansion begleitet, jeweils augenblicklich aufgehoben wird. Die ganze Wärmeentwickelung äussert sich daher in Form von äusserer Arbeit.

a) Arbeitsvorgänge.

Für den Kompressionscylinder gelten auch hier wieder die Formeln (41) bis (51), auf S. 12—13, wobei der allgemeine Fall kombinirter Kompression angenommen ist.

Ehe die Vorgänge im Expansionscylinder untersucht werden, muss zunächst der Verbrennungsvorgang allein betrachtet und die Druckkurve während der Verbrennung, die Verbrennungskurve, festgestellt werden (dieselbe war in den früheren Processen von vornherein durch die gemachten Annahmen gegeben).

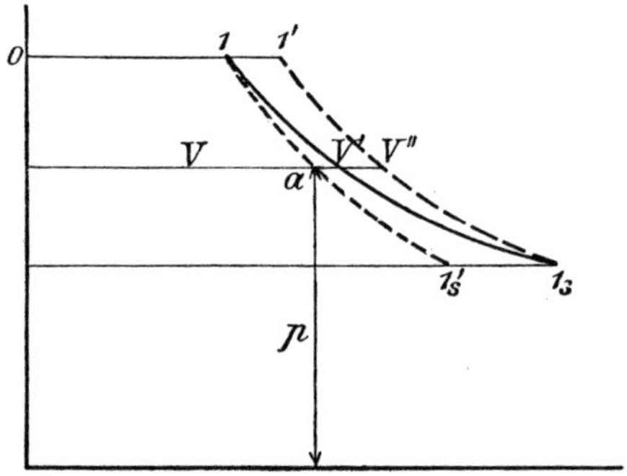

Fig. 8.

Zunächst dringt die komprimirte Luft nach 0 1 (Textfig. 8) in den Cylinder und leistet dabei die Arbeit:

$$L'_{I} = G\, p_1\, v_1 \quad \quad (121)$$

Nun wird zerstäubte Kohle oder flüssiges Brennmaterial eingespritzt; dasselbe verbrennt unter Zurückweichen des Kolbens.

Würden blos G kg Luft isothermisch expandiren, so würde die Expansion nach der punktirten Isotherme 1 $1'_s$ erfolgen; für irgend einen Punkt a dieser unteren Isotherme wäre:

$$V\, p = G\, B\, T_1 = \text{Konst.} \quad \quad (122)$$

In Wirklichkeit vermehrt sich jedoch durch die Verbrennung nach und nach die Gewichtsmenge des expandirenden Gases.

Ist Q_I die gesammte Wärmemenge, die auf der unteren Isotherme zwischen 1 und $1'_s$ zuzuführen ist, so ist bekanntlich nach den Sätzen der Thermodynamik:

$$Q_I = G\,A\,B\,T_1 \operatorname{logn} \frac{p_1}{p_{1_s}} \quad \text{. . . . . (123)}$$

Unterbricht man die Isotherme im beliebigen Punkte a, wo gerade der Druck p und das Volumen V herrschen, und sei die Wärmezufuhr bis dahin = Q, so ist:

$$Q = G\,A\,B\,T_1 \operatorname{logn} \frac{p_1}{p} \quad \text{. . . . . (124)}$$

Aus den zwei letzten Gleichungen ergiebt sich:

$$\frac{Q}{Q_I} = \frac{\operatorname{logn} \frac{p_1}{p}}{\operatorname{logn} \frac{p_1}{p_{1_s}}} \quad \text{. . . . . (125)}$$

Da nun bei der Wärmemenge Q_I gerade 1 kg **Brennstoff** verbrannt ist, und die Menge des verbrannten Brennmaterials in jedem Moment proportional der Wärmemenge Q ist, so gilt folgende einfache Proportion, wenn im Punkte a gerade x kg Brennstoff verbrannt sind:

$$x : 1 = Q : Q_I$$

$$x = \frac{Q}{Q_I} \quad \text{. . . . . (126)}$$

Das wirkliche Volumen V′ der Luft + den neu gebildeten Gasen ist daher im Punkte a zu entnehmen aus:

$$p\,V' = B\,T_1\,(G + x), \quad \text{. . . . . . . (127)}$$

hieraus:

$$x = \frac{Q}{Q_I} = \frac{p\,V'}{B\,T_1} - G. \quad \text{. . . . . (128)}$$

Das Gleichsetzen der beiden Gleichungen (125) und (128) ergiebt:

$$p\,V' = B\,T_1 \left\{ G + \frac{\operatorname{logn} \frac{p_1}{p}}{\operatorname{logn} \frac{p_1}{p_{1_s}}} \right\} \quad \text{. . . . . . (129)}$$

Das ist die Gleichung der wirklichen Verbrennungskurve, welche in der Figur ausgezogen und mit $1\ 1_s$ bezeichnet ist. Aus dieser Gleichung und der der normalen Isotherme (122) ergiebt sich die Volumenzunahme durch die Verbrennung:

$$(V' - V) = \frac{B\,T_1}{p} \frac{\operatorname{logn} \frac{p_1}{p}}{\operatorname{logn} \frac{p_1}{p_{1_s}}} \quad \text{. . . . . . . (130)}$$

Z. B. für $p = p_{1_s}$, d. i. für das Ende der Verbrennung, ist

$$V' - V = \frac{B\,T_1}{p_{1_s}} = v_{1_s},$$

d. h. die Volumenzunahme am Ende der Verbrennung ist genau = dem Volumen von 1 kg Luft bei der Temperatur T_1 und dem Drucke p_{1_s}, was nach unseren Voraussetzungen ja selbstverständlich.

Für den Anfangspunkt der Verbrennung ist $p = p_1$, daher:

$$V' - V = 0,$$

d. h. es ist noch keine Volumenzunahme wahrnehmbar.

Man sieht, dass die Differenz $V' - V$ von der Luftmenge G gänzlich unabhängig ist, was sich ebenfalls von selbst versteht.

Denkt man sich die Luftmenge $(1 + G)$ vom Punkte 1_s aus rückwärts isothermisch komprimirt, so entsteht die Kurve $1_s\,1'$, welche man, ihrer Lage in der Figur nach, die obere Isotherme nennen kann. — Sei das Volumen auf dieser Kurve beim Drucke p mit V'' bezeichnet, dann ist:

$$p\,V'' = B\,T_1\,(1 + G), \quad \ldots\ldots \quad (131)$$

demnach:

$$V'' - V' = \frac{B\,T_1}{p}\left(1 - \frac{\operatorname{logn}\frac{p_1}{p}}{\operatorname{logn}\frac{p_1}{p_{1_s}}}\right). \quad \ldots\ldots \quad (132)$$

Der Theilpunkt V' der wirklichen Verbrennungskurve zwischen den beiden Isothermen steht also nicht in einfacher Beziehung zu den isothermischen Kurven selbst.

Die transcendentale Form der Gleichung (129) erlaubt keine Auflösung nach p, mithin auch keine Integration der von der wirklichen Verbrennungskurve abgegrenzten Fläche; man muss sich daher mit Annäherungen begnügen. Wenn man bedenkt, dass die Strecke 0 1 der Textfig. 8 für G kg Luft gilt, und 1 1′ blos für 1 kg, wobei $G \geqq 100$, so sieht man sofort ein, wie ungemein klein überhaupt die von den beiden echten Isothermen eingeschlossene Fläche im Verhältniss zum ganzen Diagramm sein muss (weniger als 1%); es leuchtet auch ein, dass beide Isothermen mit der wirklichen Verbrennungskurve fast zusammenfallen. — Eine fast mathematisch genaue Annäherung erhält man, wenn man für das Dreieck $1\,1_s\,1'_s$ oder $1\,1'\,1_s$ je die Hälfte der Fläche rechnet, welche die zwei echten Isothermen einschliessen. Wir behalten uns vor, durch Zahlen den Beweis von der Kleinheit dieser Fläche noch zu erhärten, und wollen einstweilen die Vorgänge so betrachten, als ob die obere Isotherme $1'\,1_s$ denselben zu Grunde läge, also wie wenn $(1 + G)$ kg Gas isothermisch expandirten.

Nach dieser Annahme ist daher die Volldruckarbeit nicht nach Gleichung 121 zu bestimmen, sondern aus:

$$L'_I = (1 + G)\, p_1\, v_1. \quad \ldots \ldots \quad (133)$$

Wenn wir nun wieder den Anfangspunkt der Verbrennung mit 1, den Endpunkt mit 1_s bezeichnen (wie früher), so ist der Arbeitsgewinn der isothermischen Expansion:

$$L''_I = (1 + G)\, B\, T_1 \operatorname{logn} \frac{p_1}{p_{1s}}, \quad \ldots \ldots \quad (134)$$

das ist gleichzeitig der Arbeitsgewinn durch die eigentliche Verbrennung, die hier zu Ende ist. — Die hierbei zuzuführende, also aus der Verbrennung allmählich zu erzeugende, Wärmemenge ist:

$$Q_I = A\, L''_I = A\,(1 + G)\, B\, T_1 \operatorname{logn} \frac{p_1}{p_{1s}}. \quad \ldots \ldots \quad (134a)$$

Die weitere adiabatische Expansion auf atmosphärische Temperatur ergiebt:

$$L'''_I = (1 + G)\, \frac{c_v}{A}\, (T_1 - T). \quad \ldots \ldots \quad (135)$$

Soll mit der atmosphärischen Temperatur auch gleichzeitig der atmosphärische Druck erreicht werden, in welchem Zustand das Gas technisch werthlos ist, so muss die Bedingung stattfinden:

$$\frac{T}{T_1} = \left(\frac{p}{p_{1s}}\right)^{\frac{1-1}{\varkappa}} \quad \ldots \ldots \quad (136)$$

Für das Hinausschieben der Luft ist die Arbeit zu leisten:

$$L_I^{IV} = (1 + G)\, p\, v. \quad \ldots \ldots \quad (137)$$

Die gesammte gewonnene Arbeit im Expansionscylinder ist daher nach Gleichung (55):

$$L_I = (1+G)\, p_1\, v_1 + (1+G)\left(\operatorname{logn} \frac{p_1}{p_{1s}}\right) B\, T_1 + (1 + G)\, \frac{c_v}{A}\, (T_1 - T) - (1+G)\, p\, v,$$

oder nach den Beziehungen (36):

$$L_I = (1+G)\left\{\frac{c_p}{A}\, (T_1 - T) + B\, T_1 \operatorname{logn} \frac{p_1}{p_{1s}}\right\}. \quad \ldots \quad (138)$$

Die indicirte Nutzarbeit, unter Abzug des Aufwandes für Kompression, ist nach Gleichung (56):

$$L = \frac{c_p}{A}(T_1 - T) + (1 + G) B T_1 \operatorname{logn} \frac{p_1}{p_{1_s}} - G B T \operatorname{logn} \frac{p_2}{p}. \quad (139)$$

Vereinigt man die beiden Gleichungen (48) und (136), welche für die Adiabaten Geltung haben, so entsteht:

$$\left.\begin{array}{c} \frac{p_{1_s}}{p} = \frac{p_1}{p_2} \\ \text{oder} \\ \frac{p_1}{p_{1_s}} = \frac{p_2}{p} \end{array}\right\} \quad . \; . \; . \; . \; . \; . \; . \; . \; . \quad (140)$$

Hiernach wird:

$$L = \frac{c_p}{A}(T_1 - T) + \left(\operatorname{logn} \frac{p_1}{p_{1_s}}\right) B \left\{(1 + G) T_1 - G T\right\}$$

und durch Einsetzen des Werthes p_{1_s} aus (136):

$$L = \frac{c_p}{A}(T_1 - T) + B \left\{ T_1 + G (T_1 - T) \right\} \operatorname{logn} \left\{ \frac{p_1}{p} \left(\frac{T}{T_1}\right)^{\frac{\varkappa}{\varkappa - 1}} \right\}. \quad (141)$$

b) Wärmevorgänge.

Nach dem Vorgang von früher (vergl. S. 7) kann auch hier die Grundgleichung der Verbrennung ohne Weiteres hingeschrieben werden, vorausgesetzt, dass während der Verbrennung die Wärme H_V nach aussen geleitet werde, nämlich:

$$Q = H_V + (1 + G)\left\{J'_O + c_v T_1\right\} - G\left\{J_O + c_v T_1\right\} -$$
$$- J_B + A (1 + G) B T_1 \operatorname{logn} \frac{p_1}{p_{1_s}} + A p_1 v_1.$$

Das letzte Glied $A p_1 v_1$ rührt daher, dass wir die Volldruckarbeit von 1 kg Gas mit zur Verbrennungsarbeit rechnen, indem wir, der ganzen Voraussetzung gemäss, annehmen, der Process gehe nach der oberen Isotherme der Textfig. 8 vor sich (siehe S. 38). Für gasförmiges Brennmaterial ist also obige Grundgleichung vollkommen scharf; für feste und flüssige Materialien enthält dieselbe einen sehr geringen Fehler. Die Vereinfachung ergiebt:

$$Q = H_V + (1 + G) J'_O - G J_O + c_v T_1 - J_B + (1 + G) A B T_1 \operatorname{logn} \frac{p_1}{p_{1_s}} + A p_1 v_1 \quad (142)$$

Auch hier haben wir auf die Arbeit für Einführung des Brennmaterials nicht weiter Rücksicht genommen.

Subtrahiren wir hiervon Gleichung (27) von Process I, so entsteht:

$$H_I - H_V = c_p (T_1 - T) + (1 + G) A B T_1 \operatorname{logn} \frac{p_1}{p_{1_s}} \quad . \quad . \quad . \quad (143)$$

Diese Gleichung ist das wichtigste Resultat und das Endziel der vorliegenden Abhandlung. Aus ihr bestimmt man H_V, wenn G gegeben ist und umgekehrt. Als Ideal ist auch hier zu betrachten, dass die Wärmeabfuhr $H_V = 0$ werde, dann wird:

$$G = \frac{H_I - c_p (T_1 - T)}{A B T_1 \operatorname{logn} \frac{p_1}{p_{1_s}}} - 1 \quad . \quad . \quad . \quad . \quad . \quad . \quad . \quad (144)$$

Wählt man dieses eine bestimmte Luftgewicht G pro kg Brennstoff, so ist nicht nur der ganze Heizwerth ausgenutzt, sondern er ist bei konstanter, höchster Temperatur dem Gase mitgetheilt, und nach den allgemeinen Sätzen der Wärmetheorie ist hiermit die höchste Ausnutzung desselben in Form mechanischer Arbeit zu erwarten. Macht man G kleiner, als es dieser Gleichung entspricht, so ist ein gewisses H_V abzuführen; macht man es grösser, so ist der Bedingung konstanter Temperatur nicht genügt.

Vergleicht man den Wärmeaufwand $H_I - H_V$ nach Gleichung (143) mit der geleisteten Arbeit nach (141), so zeigt sich, dass beide nicht äquivalent sind, sondern die Wärmezufuhr ist grösser, als die Arbeit, und zwar genau um $G B T \operatorname{logn} \frac{p_1}{p_{1_s}}$, d. i. um das Aequivalent der isothermischen Kompression der Verbrennungsluft, also um die im Process abgeführte Wärmemenge.

Die Differenz der zu- und abgeführten Wärme ist:

$$(H_I - H_V) - Q_{II} = c_p (T_1 - T) + A B \left\{T_1 + G (T_1 - T)\right\} \operatorname{logn} \left\{\frac{p_1}{p} \left(\frac{T}{T_1}\right)^{\frac{\varkappa}{\varkappa - 1}}\right\},$$

das ist genau = dem Aequivalent der Arbeit nach Gleichung (141), womit die Richtigkeit der Wärmebilanz nachgewiesen ist.

Der thermische Wirkungsgrad ist:

$$\eta = \frac{A L}{H_I - H_V} =$$

$$= \frac{c_p (T_1 - T) + A B \left\{T_1 + G (T_1 - T)\right\} \operatorname{logn} \left\{\frac{p_1}{p} \left(\frac{T}{T_1}\right)^{\frac{\varkappa}{\varkappa - 1}}\right\}}{c_p (T_1 - T) + A B (1 + G) T_1 \operatorname{logn} \left\{\frac{p_1}{p} \left(\frac{T}{T_1}\right)^{\frac{\varkappa}{\varkappa - 1}}\right\}} \quad . \quad (145)$$

Der Werth $c_p(T_1 - T)$ ist neben den anderen Summanden in Zähler und Nenner sehr klein (Zahlenbeispiele werden dies zeigen) und kann um so mehr vernachlässigt werden, als er in Zähler und Nenner gleichzeitig vorkommt; es entsteht dann die viel einfachere Beziehung:

$$\eta = 1 - \frac{T}{T_1\left(\frac{1}{G} + 1\right)} \quad . \quad . \quad . \quad . \quad . \quad . \quad . \quad . \quad (146)$$

Und auch hierfür könnte man ohne grossen Fehler den Carnot'schen Wirkungsgrad $1 - \frac{T}{T_1}$ setzen. — Der durch die Verbrennung erhaltene Wirkungsgrad ist etwas Weniges grösser als der Carnot'sche und zwar um so mehr, je kleiner G. — G wird aber klein, wenn H_I klein (Formel 144). — Für die Wärmeausnutzung sind also Kohlen mit geringerem Heizwerth H_I besser als solche mit grossem. — Ein ähnliches Resultat ergab sich ja auch bei Process III, dritter Specialfall, S. 31, und ist dem ganzen Gange der Entwicklung nach zu erwarten. — Die Mehrwirkung gegenüber dem reinen Carnot'schen Process rührt daher, dass $(1 + G)$ kg arbeitsverrichtend expandiren, während nur G kg Luft zu comprimiren sind.

c) Zusammenstellung der Resultate.

Wir wollen hier vergleichshalber die Formeln niederschreiben, welche Zeuner, T. D. I., S. 264 u. ff. für den reinen Carnot'schen Process angiebt, wobei wir selbstverständlich unsere eigenen Bezeichnungen einführen.

Gewöhnlicher Carnot'scher Process ohne Verbrennung nach Zeuner:	Kreisprocess mit isothermischer Verbrennung nach obigen Ableitungen:
$Q_I = G\,A\,B\,T_1 \operatorname{logn} \frac{p_1}{p_{1_s}}$,	$Q_I = c_p(T_1 - T) + (1 + G)\,A\,B\,T_1 \operatorname{logn} \frac{p_1}{p_{1_s}}$,
$Q_{II} = G\,A\,B\,T \operatorname{logn} \frac{p_1}{p_{1_s}}$,	$Q_{II} = G\,A\,B\,T \operatorname{logn} \frac{p_1}{p_{1_s}}$,
$L = G\,B\,(T_1 - T) \operatorname{logn} \frac{p_1}{p_{1_s}}$,	$L = G\,B\left(\frac{T_1}{G} + T_1 - T\right) \operatorname{logn} \frac{p_1}{p_{1_s}} + c_p(T_1 - T)$,
$\eta = \frac{A\,L}{Q_I} = 1 - \frac{T}{T_1}$.	$\eta = \frac{A\,L}{H_I - H_V} = 1 - \frac{T}{T_1\left(\frac{1}{G} + 1\right)}$.

Die Analogie beider Processe springt sofort in die Augen.

Schickt man schon voraus, dass nach Formel (144) $G \geqq 100$ wird, so lässt sich der Werth $\frac{T_1}{G}$ vernachlässigen, ebenso $c_p(T_1 - T)$, und man sieht, dass dann die Formeln unserer Verbrennung beinahe identisch werden mit denjenigen eines vollkommenen Carnot'schen Processes. In Wirklichkeit sind die Resultate beider Formelreihen nur ganz unbedeutend verschieden, und zwar zu Gunsten des Verbrennungsprocesses.

Für $T = 293$ (20^0 C.) und verschiedene T_1 entstehen folgende η nach Carnot:

$t_1 =$	400	600	800	1000	1200	1400	1500	^{0} C.
$T_1 =$	673	873	1073	1273	1473	1673	1773	
$\eta =$	0,565	0,664	0,727	0,770	0,801	0,825	0,835	

Wenn $t_1 = 800$ bis 1200^0 C. gewählt wird, so entstehen demnach thermische Wirkungsgrade von 72 bis 80%; es scheint kaum angebracht, höher als 1200^0 zu gehen, da von da ab für starke Temperatursteigerungen nur ganz geringe Vortheile entstehen.

Damit $Q_I = H_I - H_V$ überhaupt einen positiven Werth erhalte, muss

$$\frac{p_1}{p_{1_s}} > 1$$

sein, wie aus Gleichung (134a) sofort einleuchtet, oder unter Einsetzung des Werthes von p_{1_s} aus Gleichung (136)

$$\frac{p_1}{p}\left(\frac{T}{T_1}\right)^{\frac{\varkappa}{\varkappa - 1}} > 1,$$

woraus folgt, dass:

$$\frac{p_1}{p} > \left(\frac{T_1}{T}\right)^{\frac{\varkappa}{\varkappa - 1}}, \quad \ldots \ldots \ldots \quad (147)$$

sein muss; es folgt hieraus, dass bei hohem T_1 auch p_1 sehr hoch wird, d. h. der höchste Druck des Processes muss sehr hoch sein, wenn man für Q_I einigermaassen bedeutende Werthe haben will. Auf diesen Umstand hat Zeuner bereits bei Betrachtung der Heissluftmaschinen aufmerksam gemacht, und daraus geschlossen, dass es unmöglich ist, Heissluftmaschinen mit grossem Wirkungsgrade herzustellen; das ist auch vollkommen richtig für die bisherige Ausführungsweise dieser Maschinen, wo ein eingeschlossenes Luftquantum von aussen durch die Cylinderwände hindurch geheizt wird.

Denkt man sich aber die Luft in einem Cylinder auf 200—300 Atmosphären komprimirt, etwa durch einen rasch eingestossenen Plungerkolben, welcher gleichsam das atmosphärische Feuerzeug nachahmt, und im Moment der stärksten Kompression eine ganz geringe Quantität staubförmiger Kohle oder anderen Brennstoffes allmählich eingespritzt, unter gleichzeitigem Rückgang des Kolbens und ohne Intervention irgend eines Mechanismus oder Steuerungsorganes, so erscheint die Maschine praktisch ausführbar, wie die Folge noch zeigen wird. Unsere Theorie zeigt uns also, nach welcher Richtung allein die Bestrebungen zu richten sind, um diejenige Brennmaterialausnutzung zu erreichen, welche der heutige Stand der Wissenschaft für das mögliche Maximum erklärt.

Mit Hilfe dieser Theorie werden alle Bestrebungen nach einem rationellen Wärmemotor eine einheitliche Richtung annehmen, anstatt sich zu zersplittern, und es ist zu hoffen, dass ein theoretisch vollkommener Motor recht bald die bisherigen, sehr unvollkommenen Wärmekraftmaschinen ersetzen wird. Die Ausführung eines solchen vollkommenen Motors ist nicht einmal besonders schwierig; es sind dabei nur

d) die Grundbedingungen einer vollkommenen Verbrennung,

wie sie sich aus der Theorie des Processes V ergeben, zu beachten, nämlich:

1. Herstellung der höchsten Temperatur des Processes (der Verbrennungstemperatur) nicht durch die Verbrennung und während derselben, sondern vor derselben und unabhängig von ihr, lediglich durch mechanische Kompression reiner Luft;
2. allmähliche Einführung fein vertheilten Brennstoffes in diese hoch komprimirte und dadurch hoch erhitzte Luft während eines Theiles des Kolbenrückganges in der Weise, dass durch den eigentlichen Verbrennungsprocess keine Temperatursteigerung der Gasmasse eintrete, dass also als Verbrennungskurve möglichst nahe eine Isotherme entstehe. Die Verbrennung darf also nach der Zündung nicht sich selbst überlassen bleiben, sondern es muss während ihres ganzen Verlaufes ein steuernder Einfluss von aussen stattfinden, welcher das richtige Verhältniss zwischen Druck, Volumen und Temperatur herstellt;
3. richtige Wahl des Luftgewichtes G im Verhältniss zum Heizwerth des Brennstoffes nach Formel (144) unter vorheriger Feststellung der Kompressionstemperatur T_1 (welche gleichzeitig Verbrennungstemperatur ist) derart, dass der praktische Gang der Maschine, die Schmierung etc. ohne künstliche Kühlung der Cylinderwände möglich ist.

Sind diese drei Bedingungen erfüllt, dann wird sich im Uebrigen der Process von selbst richtig abspielen. Es ist bekannt, dass staubförmige Kohle sich momentan, explosionsartig, entzündet. Es ist also unschwer, den Process in angedeutetem Sinne durchzuführen, da der Kohlenstaub, sobald er in die Luftmenge übertritt, welche hoch über Entzündungstemperatur erhitzt ist, sich augenblicklich entzündet und seine Verbrennungswärme der Luft mittheilt. — Die Verbrennung im Cylinder selbst bietet auch keine Schwierigkeiten, wir sind ja einen ähnlichen Vorgang in der Gasmaschine gewöhnt und beherrschen vollkommen die Praxis desselben, die sich hier um so einfacher gestaltet, als die höchste Temperatur T_1 nicht überschritten wird und vollkommen in unserer Wahl liegt, daher weit mässiger gehalten werden kann als in den bisherigen Verbrennungsmotoren. — Der Motor, den wir aus diesen Entwickelungen heraus konstruiren werden, könnte übrigens auch mit geringen Aenderungen für Explosivstoffe als Brennmaterial dienen; auch die Theorie gestaltet sich dabei sehr ähnlich.

Aus dem Gang der bisherigen Entwicklungen lässt sich a priori schliessen, dass der unter V untersuchte Process das Maximum der Wärmeverwerthung des Brennstoffes in Form von Arbeit ergiebt, weil er im Grunde nur ein vollkommener Carnot'scher Process ist; es folgt daher auch, dass die früheren Processe, bei konstantem Druck und bei konstantem Volumen, geringere Wärmeverwerthung ergeben, wenn man gleiche Grenztemperaturen zulässt. — Wir wollen deshalb — unter dem Vorbehalt, auch die anderen Processe technisch zu verwerthen — zunächst eine Maschine konstruiren, welche den vollkommensten dieser Processe, denjenigen V, möglichst streng durchführt.

Zweiter Abschnitt.

Konstruktion des vollkommenen Motors.

§ 9. Ausrechnung einer wirklichen Maschine von 100 indicirten Pferdekräften.

Gang der Berechnung.

Als untere Temperaturgrenze wählen wir $t = 20^0$ C., also $T = 293$, dieselbe ist durch Brunnenwasser realisirbar. — Als untere Druckgrenze gelte $p = 10333$, d. i. der atmosphärische Druck, weil dieser, wie noch gezeigt werden soll, auf die einfachste Maschine führt.

Ferner wird gewählt die oberste Temperatur T_1, die wir in der Maschine zulassen. — Auch den obersten Druck p_1 können wir beliebig wählen, wenn er nur der Bedingung (147) genügt, nämlich:

$$\frac{p_1}{p} > \left(\frac{T_1}{T}\right)^{\frac{x}{x-1}}.$$

Aus den gegebenen Grössen bestimmt sich der Enddruck p_{1_s} der isothermischen Verbrennung aus Gleichung (136):

$$\frac{T}{T_1} = \left(\frac{p}{p_{1_s}}\right)^{\frac{\varkappa - 1}{\varkappa}}$$

und hieraus der Druck, bis zu welchem die isothermische Kompression der Verbrennungsluft vor sich gehen muss, p_2, aus Gleichung (140):

$$p_2 = p\,\frac{p_1}{p_{1_s}};$$

bei bekanntem Heizwerth H_I bestimmt sich nun auch das Luftgewicht G für 1 kg Brennmaterial, aus (144):

$$G = \frac{H_I - c_p (T_1 - T)}{A\,B\,T_1 \operatorname{logn} \frac{p_1}{p_{1_s}}} - 1.$$

Um einen solchen Motor richtig zu konstruiren, muss daher der Heizwerth H_I des zu verwendenden Brennmaterials bekannt sein.

Nunmehr kann man die 4 Volumina in den Eckpunkten des Diagramms ausrechnen, nämlich:

$$V_1 = (1 + G)\,\frac{B\,T_1}{p_1} \qquad V_{1_s} = (1 + G)\,B\,\frac{T_1}{p_{1_s}} \qquad V_2 = G\,B\,\frac{T}{p_2}$$

und das Volumen der anzusaugenden Luft

$$V = G\,\frac{B\,T}{p}.$$

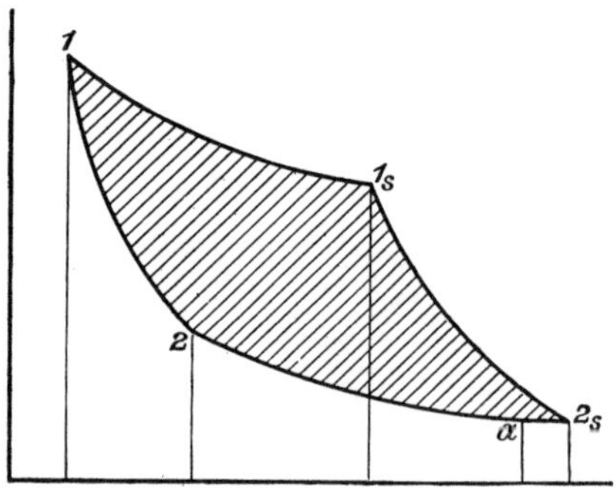

Fig. 9.

Mit diesen Drucken und Volumina lässt sich das nebenstehende Diagramm, Textfigur 9, genau konstruiren. — Dasselbe ist nicht geschlossen, wegen der Volumenzunahme durch Verbrennung.

Hierauf berechnet man die isothermische Wärmezufuhr aus Gleichung (143)

$$Q_I = c_p (T_1 - T) + (1 + G) A B T_1 \operatorname{logn} \frac{p_1}{p_{1s}}.$$

Ferner die Wärmeabfuhr aus der unteren Isotherme aus Gleichung (46)

$$Q_{II} = G A B T \operatorname{logn} \frac{p_2}{p} \left(\text{wo } \frac{p_2}{p} = \frac{p_1}{p_{1s}}\right).$$

Der Arbeitsgewinn pro 1 kg Brennstoff aus (141):

$$L = \frac{c_p}{A} (T_1 - T) + B \left\{ T_1 + G (T_1 - T) \right\} \operatorname{logn} \left\{ \frac{p_1}{p} \left(\frac{T}{T_1} \right)^{\frac{\varkappa}{\varkappa - 1}} \right\}.$$

Endlich der thermische Wirkungsgrad aus (146)

$$\eta = 1 - \frac{T}{T_1 \left(\frac{1}{G} + 1 \right)}.$$

Allgemeine Diskussion dieser Gleichungen.

Um für η grössere Werthe zu bekommen als bei den bisherigen Motoren, muss nach letzter Gleichung T_1 viel höher gewählt werden als in den Dampfmaschinen, etwa 800—1000° C. — Wir dürfen dabei nicht so weit gehen wie bei Gasmotoren (2000° und mehr), weil wir ja jede Wärmeabfuhr, also jede Wasserkühlung vermeiden wollen, um uns strenge an die Bedingung $H_V = 0$ anzulehnen. T_1 muss so gewählt werden, dass die mittlere Temperatur im Cylinder, inklusive den Expansionsperioden, von selbst in praktischen Grenzen bleibe. Wir haben in dem unten folgenden Beispiel $t_1 = 800°$ C. gewählt. Es ist jedoch weiter unten nachgewiesen, dass man damit viel weiter gehen kann (ohne jedoch die auf S. 45 angegebene Grenze zu überschreiten).

Wir sind in der Wahl des T_1 im Grunde nicht durch die Temperatur, sondern durch den obersten Druck p_1 beschränkt, welcher nach Formel (147) von T_1 abhängt und damit sehr rasch ansteigt.

Dass unsere Metalle Drucke von einigen hundert Atmosphären aushalten, ist zweifellos, da dieselben ja in Geschützen, bei Drucken von 3000—6000 Atmosphären, sich als gasdicht erweisen, und da es sich in unserem Motor nicht um ständige hohe Drucke handelt, sondern um Druckwirkungen, die durch den Kolben ungemein rasch hervorgebracht werden, um dann sofort, in ganz geringen Bruchtheilen von Sekunden, wieder zu verschwinden. Angesichts der hohen Drucke, welche man in hydraulischen Pressen herzustellen versteht, erscheint es nicht übertrieben, zunächst als obere Druckgrenze $p_1 = 200-300$ Atmosphären festzusetzen.

Für die untere Temperaturgrenze ergiebt das günstigste Resultat die niedrigste, die wir erreichen können, etwa 20° C. — Nicht zu übersehen jedoch ist, dass eine Erhöhung dieser niedrigsten Temperatur auf 30 oder 40° C. gestattet, die Einspritzwassermengen ganz bedeutend zu reduciren, und dass deshalb für transportable Maschinen dieser Fall wichtig sein wird. Das Volumen der anzusaugenden Luft, also gleichzeitig das Volumen des Cylinders $V = G \frac{B\,T}{p}$ ist umgekehrt proportional der unteren Druckgrenze. Man würde also wesentlich kleinere Maschinen erzielen, wenn man den unteren Druck p höher wählt; dadurch wächst aber der obere Druck p_1 im gleichen Verhältniss (bei denselben Temperaturgrenzen) nach Gleichung (147). — Da wir uns aber eine obere Druckgrenze nach vorhin gegeben haben, so wollen wir vorläufig auf diese Möglichkeit, kleinere Maschinen zu erzielen, verzichten; um so mehr als unsere Maschine, um bei jedem Hube frische Verbrennungsluft aufzunehmen, so wie so offen sein muss, d. h. ihre Luft mit atmosphärischem Druck nach aussen schieben muss. — Eher wäre zu überlegen, ob man mit p nicht herabgeht, um dadurch den oberen Druck p_1 kleiner zu bekommen. Dadurch wird aber zunächst die Maschine grösser und auch komplicirter, ausserdem wäre sie geschlossen. — Wir verharren deshalb zunächst beim atmosphärischen Druck als untere Druckgrenze; auf andere Verhältnisse kommen wir noch zurück.

Ganz besonders wichtig ist noch folgende Bemerkung: Die Arbeit L von 1 kg Brennmaterial ist nach Gleichung (141) fast proportional B; man könnte daher auf den Gedanken kommen, für die Verbrennung nur gerade das theoretische Luftquantum zu nehmen, und das nöthige Gewicht G durch ein anderes Gas zu ersetzen, welches ein grösseres B besitzt, z. B. hoch überhitzten Wasserdampf; aus Gleichung (144) folgt aber, dass G nahezu umgekehrt proportional mit B ist, so dass also L nicht geändert wird; man gewinnt aber auch nichts in praktischer Hinsicht, da alle Cylindervolumina in den 4 Eckpunkten des Diagramms auch proportional dem Produkt G B, d. h. konstant sind, welches Gas man auch wählen mag. — Es ist daher unnöthig, Versuche mit Wasserdampf oder Mischungen von Luft und Wasserdampf zu machen, wie dies in letzter Zeit so viel geschieht, da die einfachste Maschine immer die mit reiner Luft sein wird.

Es geht aber auch umgekehrt aus dieser Betrachtung hervor, dass fremde Gase, welche der Luft beigemischt sind, wie Feuchtigkeit oder Reste von Verbrennungsgasen aus vorhergehenden Hüben, weder auf den thermischen Wirkungsgrad noch auf die Grösse der Maschine irgend einen Einfluss haben. — Wir werden uns also um den Feuchtigkeitsgehalt der Luft bei unserem Motor nicht zu kümmern brauchen; auch können wir geschlossene Maschinen durchführen, bei welchen der grösste Theil der Verbrennungsgase beibehalten wird und nur die jeweils zur Verbrennung nöthige Luftmenge frisch aufgenommen wird. Dieser Fall wird besonders wichtig, wenn als untere Druckgrenze ein anderer als der atmosphärische Druck gewählt wird.

Zahlenwerthe.

Nach dem bisher Gesagten sind also folgende Werthe in unsere Formeln einzusetzen:

$H_I = 7800$ Kalorien,
$p = 10333$ (atmosphärischer Druck),
$t = 20^0$ C.,
$T = 293$,
$p_1 = 250$ Atmosphären ($2 \cdot 500000$ kg pro qm),
$t_1 = 800^0$ C.,
$T_1 = 1073$.

Es ist also

$$\frac{p_1}{p} = \infty 242 ; \left(\frac{T_1}{T}\right)^{\frac{\varkappa}{\varkappa - 1}} = 86{,}83,$$

die Werthe genügen demnach der Gleichung (147).

Dann wird $G = 99{,}324$ kg Luft pro 1 kg Kohle. Der thermische Wirkungsgrad $\eta = 0{,}730$ (die reine Carnot'sche Formel giebt 0,727).

Zeuner, Thermodynamik I, S. 386, findet den günstigsten effektiven Wirkungsgrad unserer heutigen Dampfmaschinen $\eta_0 = 0{,}072$ (für die besten Compound-Maschinen mit geheizten Mänteln und Receiver). Wir erreichen demnach in vorliegendem Fall theoretisch das 10fache; in Wirklichkeit wird ja der thermische Wirkungsgrad bei dem neuen Motor nicht erreicht; wenn wir aber noch grosse Spielräume für die Unvollkommenheit der Ausführung zulassen, so lässt sich doch effektiv zunächst das 6 bis 7fache der heutigen besten Dampfmaschinen erwarten und später entsprechend mehr.

Der Fehler, der durch Betrachtung der Verbrennungskurve als reine Isotherme entsteht, ist, nach S. 40,

$$\frac{B}{2} T_1 \operatorname{logn} \frac{p_1}{p_{1_s}} = 38 \text{ Kalorien},$$

d. i. der 200. Theil oder 0,5% des Heizwerthes, womit nachgewiesen ist, was früher behauptet wurde, dass wir uns der wirklichen Verbrennungskurve gegenüber nicht allzu skrupulös zu verhalten brauchen.

Die ferneren Werthe sind:

Enddruck der isothermischen Verbrennung $p_{1_s} = 898360 = \infty 89{,}8$ Atmosphären
Kompression $p_2 = 28792 = \infty 2{,}88$

Bei Berechnung einer neuen Maschine kann man nun aber nicht 1 kg Brennmaterial zu Grunde legen, sondern blos die gewünschte Leistung, aus dieser das Luftbedürfniss und aus letzterem den Brennmaterialverbrauch.

Legen wir deshalb zunächst 1 kg Luft zu Grunde, so wird für dieses:

$$v = 0{,}82992 \text{ cbm} \qquad v_1 = 0{,}01256 \text{ cbm}$$
$$v_2 = 0{,}29813 \text{ -} \qquad v_{1_s} = 0{,}03500 \text{ -}$$

Das Diagramm auf Tafel I, Fig. 1, ist das Indikatordiagramm aus den berechneten Werthen für 1 kg Luft gezeichnet, die vier Eckpunkte sind dabei wie in den bisherigen Untersuchungen mit V, V_2, V_1, V_{1_s} bezeichnet.

Die Wärmezufuhr pro 1 kg Luft findet sich:

$$(Q_I)_{1\,kg} = 75{,}9 \text{ Kalorien,}$$

die indicirte Arbeit pro 1 kg Luft:

$$(A\,L)_{1\,kg} = \eta\,(Q_I)_{1\,kg},$$

oder in Pferdestärken ausgedrückt:

$$(N_i)_{1\,kg} = \frac{\eta\,(Q_I)_{1\,kg}}{A\,75} = 311{,}92 \text{ Pferde.} \quad . \quad . \quad . \quad (148)$$

Und es ist nun das Volumen des Ansaugecylinders pro Pferd:

$$u = \frac{v}{(N_i)_{1\,kg}} = 0{,}0026607 \text{ cbm.} \quad . \quad . \quad . \quad . \quad (149)$$

Will man nun eine Maschine von $N_i = 100$ indicirten Pferdestärken herstellen, so ist das hierzu nöthige Ansaugevolumen pro Sekunde:

$$U = \frac{v}{(N_i)_{1\,kg}} N_i = 0{,}26607 \text{ cbm.} \quad . \quad . \quad . \quad . \quad (150)$$

Ist die Maschine einfach wirkend, mit n Touren pro Minute, und sei D der Cylinderdurchmesser, s der Hub, so wird, wenn noch V das effektive Cylindervolumen bedeutet:

$$\frac{V \cdot n}{60} = \frac{D^2 \pi}{4} \frac{s \cdot n}{60} = U; \quad . \quad . \quad . \quad . \quad . \quad (151)$$

setzen wir $n = 300$ Touren, so wird:

$$\underline{V = 0{,}05321 \text{ cbm} = 53{,}21 \text{ Liter.}} \quad . \quad . \quad . \quad . \quad . \quad (152)$$

Dieses Resultat ist praktisch das interessanteste, indem es über die Grösse der Maschine aufklärt.

Vergleicht man damit gewöhnliche Dampfmaschinen, z. B. diejenige der Maschinenfabrik Augsburg 500/1000 mit 216 l Cylindervolumen bei 120 HP. oder Sulzer 500/1050 mit 206 l bei 110 HP., so zeigen diese Maschinen rund 2 l Cylinderinhalt pro 1 Pferd; wenn wir also vom mechanischen Wirkungsgrad absehen, so wird der Cylinder unserer Luftmaschine rund $^1/_4$ so gross, wie der gleichwerthige Cylinder der einfachen Dampfmaschine; bei der Compound-Maschine kommt der Hochdruckcylinder hinzu. Allerdings ist dabei unsere Tourenzahl 300 ungefähr die vierfache der verglichenen Dampfmaschinen. Wir werden aber später begründen, dass für den neuen Motor hohe Tourenzahlen principiell günstig sind, während es bekannt ist, dass für die Dampfmaschine ähnlich hohe Tourenzahlen den Wirkungsgrad ungünstig beeinflussen (Schnellläufer).

Entgegen der bisherigen Ansicht giebt also eine rationell konstruirte Heissluftmaschine weit kleinere Dimensionen als unsere Dampfmaschinen; es bleibt vorbehalten, durch Anwendung doppelt wirkender Cylinder das Verhältniss auf $^1/_8$ zu bringen und durch beliebige Erhöhung des Enddruckes noch weitere Reduktionen eintreten zu lassen. Verfasser hält es gar nicht für unmöglich, Drucke von 200—300 Atmosphären in doppelt wirkenden Cylindern herzustellen; in den hier vorgeführten ersten Konstruktionen ist jedoch noch hiervon abgesehen.

Wählen wir den Hub s = 2 D, so wird für die Maschine von 100 HP. ind.

$$\left.\begin{aligned} D &= \sqrt[3]{\frac{2\,V}{\pi}} \\ D &= 323{,}6 \text{ mm} \\ s &= 647{,}2 \text{ mm} \end{aligned}\right\} \quad \ldots\ldots\ldots \quad (153)$$

Die Kolbengeschwindigkeit

$$s = \frac{2\,n}{60} = 6{,}47 \text{ m}$$

ist nicht aussergewöhnlich, im Gegentheil sehr günstig.

Die effektiven Cylindervolumina in den 4 Eckpunkten des Diagramms sind nun:

$$V = 0{,}05321 \text{ (nach vorhin)},$$

$$V_2 = V\,\frac{v_2}{v} = 0{,}01909 \text{ cbm},$$

$$V_1 = V \frac{v_1}{v} = 0{,}0008055 \text{ cbm},$$

$$V_{1_s} = V \frac{v_{1_s}}{v} = 0{,}002244 \text{ cbm}.$$

Das Gewicht der pro Hub anzusaugenden Luft ist:

$$g = \frac{V}{v} = \frac{\text{Cylindervolumen}}{\text{Volumen von 1 kg Luft}}, \quad . \quad . \quad . \quad (154)$$

in unserem Falle:

$$g = 0{,}06412 \text{ kg},$$

und pro Stunde:

$$G_h = n \cdot 60 \times g = 1154{,}16 \text{ kg}.$$

Einspritzwassermenge.

Es ist pro 1 kg Luft die abzuführende Wärmemenge nach Gleichung (46):

$$(Q_{II})_{1\,kg} = 20{,}726 \text{ Cal}.$$

abzuführen, also pro Hub 20,726 g = 1,329 Cal.

Hat man Wasser von 10° C. und lässt dasselbe, der Voraussetzung gemäss, auf 20° C. erwärmen, so braucht man:

0,1329 Liter Wasser pro Hub,

oder 0,1329 · n · 60 = 2392 Liter Wasser pro Stunde

= 23,92 Liter pro ind. Pferd und Stunde,

gegen rund das 10fache bei Dampfmaschinen.

Lässt man höhere untere Temperaturen zu, so kann diese Wassermenge noch erstaunlich reducirt werden (für Lokomotiven).

Kohlenverbrauch.

Die Wärmezufuhr pro 1 kg Luft war:

$$(Q_I)_{1\,kg} = 75{,}901 \text{ Cal.},$$

also pro Hub 75,901 g = 4,867 Cal.

Das entspricht:

$$\frac{H_I}{4{,}867} = \frac{7800}{4{,}867} = 1602 \text{ Hübe pro 1 kg Kohle;}$$

der Kohlenkonsum ist daher pro Hub $\frac{1}{1602} = 0{,}000624$ kg Kohle $= 11{,}232$ kg pro Stunde $= 0{,}11232$ kg pro ind. Pferd und 1 Stunde.

Diese rein theoretische Kohlenmenge wird selbstverständlich in Praxis grösser ausfallen.

Es liesse sich nun der geschilderte Process sehr gut in einem einzigen Cylinder wie folgt durchführen.

1. Hingang des Kolbens, Ansaugen von atmosphärischer Luft bis Volumen V (vergl. Diagramm, Tafel I, Fig. 1).
2. Rückgang des Kolbens unter Wassereinspritzung bis zum Volumen V_2 (isothermische Kompression), von da ab bis Volumen V_1 adiabatische Kompression ohne Wassereinspritzung.
3. zweiter Hingang: Verbrennung eines allmählich eingespritzten Kohlenquantums unter Vorschub des Kolbens bis V_{1_s}; hierauf adiabatische Expansion ohne Verbrennung.
4. zweiter Rückgang.: Ausstoss der verbrannten Gase.

Es wäre also blos jede zweite Tour ein Arbeitsgang, wie bei den meisten Gasmotoren; der Cylinder müsste daher doppelt so gross sein, wie oben ausgerechnet, wo bei jeder Tour ein Arbeitsgang stattfinden sollte.

Schon im Interesse der Kleinheit der Maschine werden wir also den Process nicht in einem Cylinder ausführen.

Es kommt hinzu, dass die Gegenwart des Wassers (aus der isothermischen Kompression) im Hauptcylinder während der Verbrennung den ganzen Process ungünstig ändert. Die bewegten Wärmequantitäten sind, ihrer grossen Ausnutzung wegen, ungemein gering; es genügen daher geringe Wassermengen, um grosse Störungen hervorzurufen; endlich haben wir in konstruktiver Beziehung ein Interesse daran, den Theil des Processes, in welchem hohe Drucke stattfinden, in besonderen, möglichst kleinen Cylindern vorzunehmen, weil wir dann Plungerkolben mit hydraulischen Oelverschlüssen anwenden können, wie weiter unten auseinandergesetzt ist.

§ 10. Beschreibung der Konstruktion.

Aus der Gesammtheit obiger Betrachtungen entwickelte sich der auf Tafel II, Fig. 3—12 konstruktiv dargestellte Motor, welcher für 100 ind. Pferde berechnet und im Maassstabe 1 : 20 gezeichnet ist.

Die Maschine besteht aus 3 Cylindern, davon ist 1 der Expansionscylinder; 2 und 3 sind zwei vollkommen identische Kompressionscylinder, oder besser Verbrennungscylinder (weil darin als wichtigster Vorgang die Verbrennung stattfindet) welche abwechselnd dieselbe Funktion ausüben, so dass der grosse Cylinder 1 bei jedem Hub einen Arbeitsgang hat.

Die Kurbeln von 2 und 3 stehen gleich; diejenige des Cylinders 1 ist gegen jene um genau 180⁰ versetzt. — S ist das Schwungrad. Das Volumen des Cylinders 1 ist V, das der Cylinder 2 und 3 ist V_2. Die Arbeitsweise der einzelnen Cylinder ist im Folgenden beschrieben, wobei man nützlich das Diagramm Tafel I, Fig. 1 vor Augen hält, welches ohne Weiteres für das Luftquantum pro Hub gilt, wenn man sich den Maassstab der Volumina entsprechend verändert denkt (weil dieses Diagramm ursprünglich für 1 kg Luft aufgezeichnet wurde).

Das Arbeitsverfahren.

1. Kolben 1 geht aufwärts und treibt die Verbrennungsluft des vorigen Hubes in die Atmosphäre; unter sich saugt er dabei frische Luft aus der Atmosphäre an. Cylinder 1 ist also oben Arbeitscylinder und unten Luftpumpe. — Kolben 2 geht dabei abwärts; in der obersten Stellung sperrte dieser Kolben vom vorigen Gang her gerade das Volumen V_1 Luft ab, bei 250 Atmosphären Spannung und 800° C.; während des Abwärtsganges spritzt eine besondere Vorrichtung Kohlenstaub (oder Petroleum oder Gas) allmählich in den Raum über Kolben 2 und zwar kontinuirlich unter gleichzeitigem Rückgang des Kolbens, bis dieser das Volumen V_{1_s} (vergl. Diagramm) absperrt. Die Kohle verbrennt isothermisch, wofür die Einführungsvorrichtung zu sorgen hat, in der Weise, dass das jeweils einfallende Kohlenquantum dem jeweils isothermisch vorgeschriebenen Volumen entspricht. Beim Volumen V_{1_s} muss das ganze pro Hub nöthige Kohlenquantum eingespritzt, bezw. verbrannt sein. — Dann wird die Kohlenzufuhr abgesperrt und die Luft expandirt adiabatisch bis zum Volumen V_2, welches der unteren Kolbenstellung entspricht (weil Cylinder 2 dieses Volumen V_2 hat). Druck und Temperatur der Luft sind in diesem Moment:

$$p' = 43826 = 4{,}38 \text{ Atmosphären,}$$
$$t' = 223^0 \text{ C.}$$

Kolben 3 ist während dieser Zeit auch abwärts gegangen und hat dabei aus einem Luftreservoir (dem gusseisernen Hohlgestell der Maschine) ein Luftvolum V_2 unter Druck p_2 (2,88 Atmosphären) und Temperatur T (20° C.) angesaugt, denn V_2 ist ja auch das Volumen dieses Cylinders. — In dieses Reservoir ist die Luft komprimirt worden durch den vorhergehenden Abwärtsgang von Kolben 1, und zwar unterhalb dieses letzteren und unter Einspritzung von Wasser, also isothermisch; der Enddruck dieser isothermischen Kompression wird durch die Steuerung nach Vorschrift regulirt (2,88 Atmosphären).

2. Kolben 1 geht abwärts. Dabei wird durch die Steuerung die Kommunikation zwischen Cylinder 2 und 1 eröffnet; die Luft, welche

vorher in 2 adiabatisch bis V_2 expandirt hatte, expandirt nun weiter in Cylinder 1, wobei Kolben 2 aufwärts geht. Am Ende des Hubes hat die Luft den vorgeschriebenen Zustand V p T, da ja die Luft nunmehr ganz (bis auf das geringe Volumen V_1) im Cylinder 1 sich befindet, dessen Volumen V ist. — Während dieser Zeit geht Kolben 3 auch aufwärts und komprimirt die vorher isothermisch gepresste Luft nunmehr adiabatisch weiter vom Volumen V_2 auf V_1, da ja das die Endvolumina in diesem Cylinder sind.

Beim nächsten Aufwärtsgang des Kolbens 1 sind die Funktionen von 2 und 3 umgekehrt; in 3 findet Verbrennung und Expansion statt und in 2 Ansaugen von komprimirter Luft aus dem Gestellreservoir. Kommt Kolben 1 oben an, so kann er sofort wieder arbeiten, indem er Verbrennungsluft aus 3 entnimmt.

Wir wollen nun diese Maschine, nachdem ihre Arbeitsweise bekannt ist, vom rein praktischen Standpunkte untersuchen.

Cylinder I.

Nimmt oben Luft auf mit 4,4 Atmosphären Druck und 223° C. Temperatur, und expandirt auf 20° C. und 1 Atmosphäre; hierauf stösst er aus. Das sind durchaus normale Verhältnisse, die durch gewöhnliche Konstruktion von Kolben, Steuerung u. s. w. leicht herstellbar sind.

Bei der Verbindung von 2 resp. 3 mit Cylinder 1 findet ein kleiner Verlust durch schädliche Räume statt. Man wird also die schädlichen Räume in 1 möglichst reduciren, was durch die vertikale Stellung und die konstante Temperatur der Kolbenstange erleichtert wird. Im unteren Raume des Cylinders 1 wird atmosphärische Luft angesaugt und unter Wassereinspritzung auf 2,88 Atmosphären komprimirt. — Auch hier liegt technisch nichts Neues, ja nicht einmal etwas Schwieriges vor. — Sollte die Wasserkühlung nachtheilige Folgen auf den Arbeitsgang haben (durch Wärmeaustausch mit den Cylinderwänden), so kann ein besonderer Cylinder für isothermische Kompression geschaffen werden. Dies soll aber womöglich vermieden werden. — Ein dichter Kolben schabt die Wände so von Wasser rein, namentlich wenn gut geschmiert wird, dass keine Nässe nach oben dringt. — Die Flächen, an denen Wasser haften bleibt, Kolben und Deckel, sind unten unschädlich; ausserdem läuft das Wasser von selbst ab.

Cylinder 2.

Die schädlichen Räume sind hier unschädlich, da das vorgeschriebene Kompressionsvolumen V_1 inklusive allen Höhlungen der Steuerung etc. verstanden ist. Unter Annahme desselben Hubes wie beim grossen Cylinder ergiebt sich der Durchmesser $d = 194$ mm. — Dabei wird, bei 15 kg pro qmm Materialspannung, was für Gussstahl zulässig, nach Lamé die Wandstärke $S = 0{,}09\,d = 18$ mm, also durchaus praktisch ausführbar.

Die Verbrennung dauert vom Volumen $V_1 = 0{,}8$ Liter (siehe S. 54), entsprechend 27 mm Cylinderhöhe (ohne schädliche Räume der Ventile), bis zum Volumen $V_{1_s} = 2{,}24$ Liter, entsprechend 75,8 mm Cylinderhöhe (ohne schädliche Räume). Von da bis zum Endvolumen $V_2 = 19{,}1$ Liter ist Expansion und Sinken der Temperatur von 800° auf 223° C. — Der ganze Rückwärtsgang des Kolbens findet statt unter abnehmender Temperatur von 223° auf 20°. Dann geht der Kolben wieder abwärts unter konstanter Temperatur von 20°, und dann erst findet adiabatische Kompression von 20° auf 800° statt, wobei die höheren Temperaturen erst in den Endstellungen erreicht werden. — Eine Verfolgung des Vorganges zeigt, dass die mittlere Temperatur der Cylinderwände ohne Wasserkühlung von aussen zulässig erscheint; sie wird nicht so hoch wie in gewöhnlichen Dampfmaschinen und weitaus niedriger als in Gasmotoren, trotz deren reichlicher Wasserkühlung. — Es ist hiermit nachgewiesen[1]), dass ein Motor, in dessen Cylinder Verbrennung stattfindet, ganz gut ohne Wasserkühlung von aussen ausführbar ist. Im Gegentheil, wir werden sorgfältig die Cylinder gegen jede Wärmeausstrahlung schützen.

Da der Kolben als Plunger mit Stulpdichtung und Oelkammer ausgeführt wird, so ist die Schmierung von selbst von den heissesten Stellen entfernt und ein Schmieren des Cylinders selbst ist nicht nöthig, da der Kolben nicht dicht in den Cylinder passt.

In Anbetracht des geringen Luftgewichtes, welches sich in verhältnissmässig dicken Metallmassen bewegt, wird die Wirkung des Wärmeaustausches mit den Cylinderwänden eine hervorragende Rolle spielen. Auf sie ist grosse Aufmerksamkeit zu richten. — Sie kann hauptsächlich durch grosse Geschwindigkeiten vermindert werden; besonders günstig ist dabei, dass die Cylinder stets trockene Wände haben, die nicht so ungünstig wirken wie die nassen Wände der Dampfcylinder. — Nichts würde verhindern, da die Plungerkolben nicht dicht anschliessen, die kleinen Verbrennungscylinder innen mit isolirenden Materialien, wie Glas, Porzellan etc., auszukleiden, um diese Wirkung zu vermindern. Es ist jedoch von hervorragender Wichtigkeit zu bemerken, dass bei einer Dampfmaschine der frische heisse Dampf in kalt gewordene Cylinderwände kommt und sich dort kondensirt, während bei dem neuen Motor umgekehrt die in den Verbrennungscylinder tretende Luft im kalten Zustand in erwärmte Cylinderwände tritt; es wird also jedes neu eintretende Luftquantum vorgewärmt,

---

[1]) Anmerkung. Weiter unten (S. 73) sind die Temperaturdiagramme zur Bestimmung der Mitteltemperatur an einem Beispiel ziffernmässig durchgeführt.

während bei der Dampfmaschine jedes neu eintretende Dampfquantum abgekühlt wird. Dieser principielle Unterschied lässt bei dem neuen Motor eine viel weniger ungünstige Beeinflussung des Processes durch die Cylinderwände erwarten, als es bei Dampfmaschinen der Fall ist.

Asche und Schlacke.

Da die Kohle in feinster Staubform verwendet wird, so wird die Asche und Schlacke in noch feineren, fast mikroskopischen Partikeln vorhanden sein, welche in der ganzen Luftmasse suspendirt sind, und zwar in minimalen Quantitäten, da auf 100 kg Luft (120 cbm) 1 kg Kohle, also etwa 0,1 kg oder weniger Rückstände treffen, ein Verhältniss, wie es etwa in staubiger Zimmerluft stattfindet. Da diese Luft in fortwährenden, raschen, hin- und hergehenden und wirbelnden Bewegungen begriffen ist, so wird der feine Aschenstaub keine Zeit finden, sich irgendwo niederzuschlagen, wird also einfach mit ausgeblasen. Im Uebrigen wird der ungemein feine Staub, mit Oel vermischt, keine sehr schädliche Wirkung haben gegenüber den harten Materialien, aus welchen die Organe der Maschine bestehen. Auch ist zu erwähnen, dass bei der niederen Maximaltemperatur von 800° C. ein Schmelzen der Rückstände, also eine Schlackenbildung gar nicht eintritt. Bei den hohen Kompressionen, dem gewaltigen Luftüberschuss, den heftigen Bewegungen durch die starken Expansionen u. s. w. ist die Verbrennung eine so intensive und vollkommene, dass theerige Rückstände u. dergl. nicht auftreten können. — Bei flüssigen oder gasförmigen Brennstoffen sind überhaupt keine Rückstände vorhanden.

Stösse

im Mechanismus treten nicht auf. In den kleinen Cylindern ist die Kompression so hoch wie der Anfangsdruck und im gleichen Sinne gerichtet; es findet also nicht, wie bei Gasmotoren, ein Explosionsstoss durch plötzliches Anwachsen des Druckes statt, im Gegentheil wird der Gang durchaus stossfrei. Im grossen Cylinder ist nicht mehr ein Stoss vorhanden als in jeder Dampfmaschine; durch die vertikale Stellung und die einseitige Wirkung ist überhaupt ein ruhiger Gang mehr gesichert. — Auch in diesem Cylinder ist der Druck fast konstant nach abwärts gerichtet, wenigstens in den wichtigeren, oberen Kolbenlagen.

Nach dieser allgemeinen Besprechung erübrigt noch ein Eingehen auf die Details der Konstruktion. Selbstverständlich ist hier dem Konstrukteur ein unendlicher Spielraum gelassen; die in Tafel II gegebene Konstruktion ist mehr als ein Schema zu betrachten, welches beliebig variirt werden kann. — Der Kern der Sache liegt ja nicht in der Konstruktion, sondern im Arbeitsverfahren.

Die innere Steuerung.

Als Abschlussorgane sind ausschliesslich Doppelsitzventile angenommen, da dieselben auf die Dauer besser dicht bleiben als Schieber oder Hähne, und weil die äussere Steuerung dadurch besonders einfach wird. — Selbstverständlich können auch andere Abschlussorgane gewählt werden, oder auch theils Ventile, theils Schieber, je nach dem Zweck.

Sämmtliche Ventile haben ihre Stopfbüchskammer nach abwärts gerichtet und mit Oel gefüllt, so dass Ventilkolben, Stangen, Federn etc. sich im Oelbade bewegen; dadurch ist eine Berührung dieser Organe mit heisser Luft und Staub verhütet; andererseits sind sämmtliche Abdichtungen hydraulisch, also keine Luftverluste zu befürchten.

Das Ventil V_1 zwischen Cylinder 1 und 2 (resp. 3), welches höchste Drucke und Temperaturen auszuhalten hat, ist, wie die Figuren zeigen, vor der Stichflamme vollkommen geschützt; bewegt wird dasselbe niemals unter hohem Druck, sondern erst unter Drucken von 4—5 Atmosphären. Die Temperatur der durchströmenden Luft hat im Maximum 223°; es liegt also für dieses Ventil nichts Abnormales vor; es ist deshalb eine Wasserkühlung der Steuerorgane, wie sie bei grossen Gasmotoren üblich ist, ganz überflüssig. (Detail des Ventils s. Fig. 10, Tafel II.)

Während der adiabatischen Kompression auf 250 Atmosphären und der unmittelbar darauf folgenden Expansion und Verbrennung wird überhaupt kein Steuerungsorgan bewegt, alles ist geschlossen und geschützt.

Das Ventil V_2 zwischen Luftreservoir (Gestell) und Cylinder 2 (bezw. 3) hat blos kalte Luft unter einigen Atmosphären Druck durchzulassen; es liegt daher auch hier keine Schwierigkeit vor.

Am Cylinder 1 (s. Tafel II Fig. 6 u. 7) ist zunächst das Luftansaugeventil V_3 zu erwähnen; dann das Ventil V_4, welches die isothermisch komprimirte Luft in das Gestell der Maschine ableitet, dann das Abblaseventil V_5, welches diekalten Verbrennungsgase ablässt; auch hier liegt nichts Schwieriges vor.

Diese sämmtlichen Ventile sind gesteuert, obgleich V_3 und V_4 principiell automatisch arbeiten können wie bei jeder Luftpumpe. Die richtige Durchführung des Processes ist jedoch bei gesteuerten Ventilen mehr gesichert. — Principiell wären für die Organe, soweit sie zur Luftpumpe gehören, Schieber besser am Platze als Ventile. Nichts steht im Wege, die Konstruktion auf diese Weise durchzuführen.

Zwischen den Ventilen V_3 und V_4 (Schnitt M N) bemerkt man noch ein Ventilchen V_6, ebenfalls gesteuert; dasselbe dient zur Wassereinspritzung in Cylinder 1 während der isothermischen Kompression. Am unteren Theile des Cylinders 1 ist nämlich eine Kammer angegossen, welche durch eine (nicht gezeichnete) Pumpe stets voll Wasser erhalten wird, während über diesem Wasser der Druck des Luftreservoirs herrscht. Die Wasserkammer ist auf Tafel II, Fig. 7 sichtbar; einen Horizontalschnitt durch dieselbe zeigt Tafel II, Fig. 9.

Sobald die Steuerung Ventil V_6 öffnet, strömt Wasser aus der Kammer nach den 2 Düsen D und in den Cylinder 1, wo es zerstäubt wird und die isothermische Kühlung bewirkt (siehe Fig. 9, Tafel II). Sobald der Reservoirdruck erreicht ist, schliesst sich Ventil 6 (die Wassereinspritzung hört übrigens dann von selbst auf, weil Druck und Gegendruck sich aufheben). — Das Einspritzwasser fliesst mit der Luft durch Ventil V_4 (siehe Fig. 7, Tafel II) in das Gestell, wo es sich sammelt und durch Oeffnung O mittels Wasserabscheider automatisch abgelassen wird (Fig. 4, Tafel II).

Für den Weg der Luft vom Reservoir zum Cylinder 2 (resp. 3) ist ein besonderer Kanal C angeordnet, so dass das Absetzen des Wassers gesichert ist (s. Tafel II, Fig. 7 und 8).

Die Brennstoffzufuhrvorrichtung.

Von besonderem Interesse ist die Vorrichtung zur Einfuhr des Kohlenstaubes in die Verbrennungscylinder. Dieselbe ist in Fig. 11 (Tafel II) in grösserem Maassstabe gezeichnet. Aus dem Kohlengefäss T (Fig. 3) fliesst der Staub von selbst in die Vertheilungsbecher B.

Man denke nun in Tafelfigur 11 zunächst Ventil V_7 und V_8 geschlossen (oberste Stellung des Kolbens), dann befindet sich die ringförmige Kohlenkammer K im Becher B von Kohlenstaub umgeben (das Kohlenquantum pro Hub in der Kammer K ist schwarz angedeutet); nun geht Ventil V_7 nach abwärts, V_8 bleibt geschlossen. Da der Hub von V_7 = der doppelten Höhe der Kammer K ist, so tritt diese Kammer K ganz in den Raum R ein, wo ihr Inhalt sich ergiesst und das Ventil V_8 umgiebt. — Man sieht, dass Raum R und Becher B niemals in direkter Verbindung stehen, so dass niemals direkt Kohle einfallen kann; es kann nur das genau gemessene Quantum der Ringkammer K (schwarz!) nach R gelangen.

Die Tafelfigur 12 zeigt, wie man die Höhe der Ringkammer K, je nach dem Heizwerth der verwendeten Kohle, von aussen verstellen kann. Wenn nun Ventil V_8 nach abwärts geht (wobei V_7 geschlossen bleibt), fällt der Kohlenstaub nach abwärts in die seitliche Rille H eines rotirenden Hahnes, welche Rille in diesem Momente nach oben gerichtet ist. Bei der Rotation des Hahnes wendet sich die Rille nach dem Innern des Cylinders, wobei zunächst der Druck zwischen dem Cylinder und der Hahnrille sich ausgleicht, da das lockere Pulver einem Druckausgleich kein Hinderniss bietet; bei der weiteren Drehung lässt der Hahn den Kohlenstaub in die komprimirte und dadurch hoch über die Entzündungstemperatur der Kohle erhitzte Luft einfallen; die Kohle entzündet sich spontan und erzeugt Wärme, welche augenblicklich, im Moment des Entstehens, durch entsprechendes Vorwärtsschreiten des Kolbens in Arbeit verwandelt wird, ohne dass sie sich in Temperatur- oder Drucksteigerung äussern kann.

Das Einfallen des Pulvers findet allmählich und kontinuirlich während des vorgeschriebenen Kolbenweges statt; der Vorgang ist sehr ähnlich dem einer Sanduhr; die Dimensionen des Einfallspaltes bestimmen die Zeitdauer des Einfallens während der vorgeschriebenen Admissionsperiode des Brennstoffes; das Kohlenquantum wird durch die Grösse der Hahnrille, bezw. der Ringkammer K bestimmt. Diese inneren Organe, in Verbindung mit der äusseren Steuerung bewirken daher, dass die vorgeschriebene Admissionsperiode eingehalten wird, und dass die letzten Kohlentheile erst einfallen und verbrennen, wenn der Kolben am Ende dieser Admissionsperiode ankommt, so dass die Isotherme als Verbrennungskurve nahezu vollkommen realisirt wird.

Die eben beschriebene Konstruktion setzt trockenes, mageres, nicht backendes Brennmaterial voraus, also Holzkohle, Anthracit und magere Steinkohlen. — Für andere Kohlensorten, sowie für Flüssigkeiten und Gase wird das Zufuhrorgan anders konstruirt, worauf später zurückgekommen wird.

Es ist zu bemerken, dass fast das ganze komprimirte Luftquantum seitlich in den Ventilkammern steckt (s. Tafel II, Fig. 3); dasselbe trifft also beim Kolbenrückgang in normaler Richtung auf den einfallenden Kohlenstaub, wodurch die gleichmässige Vertheilung der Wärme auf das ganze Luftquantum, dessen Volumen ja sehr gering ist, gesichert ist.

Der rotirende Hahn allein ist vom ganzen Mechanismus der Flamme ausgesetzt; da derselbe aber kein Dichtungsorgan ist, so schadet das nicht; ausserdem ist er so konstruirt, dass er mit seinem Gehäuse augenblicklich auswechselbar ist.

Die äussere Steuerung.

Bei genauer Verfolgung des Ganges der Ventile wird ersichtlich, dass sie sämmtlich (mit Ausnahme von V_4) an den Hubenden der Kolben zu öffnen, oder zu schliessen sind; hierdurch ist die Steuerung kinematisch sehr einfach, da es auf grosse Präcision nicht ankommt, weil die Kolben an den Hubenden die Geschwindigkeit 0 haben. Deshalb sind für die Bewegung sämmtlicher Ventile unrunde Scheiben gewählt, welche denjenigen der Sulzer-Dampfmaschinen für den Dampfauslass nachgeahmt sind. — Auch die Uebertragung von diesen Scheiben auf die Ventile mittels Stangen- und Winkelhebeln ist von den Ventildampfmaschinen entnommen (Dampfauslass), wie die Inspektion der Tafel II, besonders Figur 7, zeigt (die Aufhängung der Stangen ist nicht gezeichnet).

Sämmtliche unrunde Scheiben sitzen auf einer gemeinsamen Steuerwelle (s. Figur 8, Tafel II), auf welcher auch die Antriebs-Hyperbelräder der rotirenden Kohlenhähne sitzen. — Diese Steuerwelle wird getrieben von einer vertikalen Welle W, welche ihrerseits ihre Rotation mittels Hyperbelrädern von der Schwungradaxe erhält. Welle W und Steuerwelle machen nur halb so viele Touren wie das Schwungrad, wodurch der Gang der Ventile in praktischen Geschwindigkeitsgrenzen bleibt. — In Folge der ganzen Disposition der Maschine bewegt sich nämlich jedes einzelne Ventil nur jede zweite Tour; ausgenommen hiervon sind die Ventile der Luftpumpe, für welche, wie bereits angedeutet, Schieber mit Excentern besser angebracht wären.

Bei näherer Betrachtung zeigt sich auch, dass mindestens je zwei Ventile gleichzeitig gleiche Bewegung machen, es ist also der Vereinfachung der äusseren Steuerung Raum gelassen. Dadurch, dass die Ventile sich nur an den Hubenden bewegen, ist es sehr naheliegend, die Kolben selbst oder die Kolbenstangen zur Steuerung der Ventile zu benutzen.

Die Regulirung.

Die Regulirung ist derartig, dass bei zu schnellem Gang der Regulator, welcher auf der vertikalen Welle W sitzt, die Schubstange, welche das Kohlenventil V_7 öffnet, seitlich zieht (Tafel II, Fig. 5 zu erkennen), so dass die unrunde Scheibe nicht zum Angriff kommt. Es ist also, wie bei Gasmotoren bei zu schnellem Gang, die Brennstoffzufuhr aufgehoben. Es ist aber leicht eine vollkommenere Regulirung durch Variiren der Höhe der Kohlenkammer K (Fig. 11) herzustellen; zu diesem Zweck muss der Regulator auf die Vorrichtung Figur 12 einwirken.

Die Ingangsetzung

des Motors erfolgt, indem man bei E (Tafel II, Fig. 4 und 5) komprimirte Luft entweder aus einem besonderen Reservoir oder aus dem Hohlgestell der Maschine einführt und den Motor so lange mit Volldruck aus diesem Reservoir arbeiten lässt, bis das Schwungrad die nöthige lebendige Potenz besitzt. Man kann auch bei E eine besondere Vorrichtung anbringen, welche es ermöglicht, den Motor durch Entzündung einer kleinen Menge Explosionsstoff in Gang zu setzen.

Für oft anzulassende Maschinen (Lokomotiven u. dgl.) muss ein entsprechend grosses Luftreservoir mit hoch gespannter Luft angebracht werden, welches während des Ganges des Motors durch diesen selbst immer wieder gefüllt wird.

Der Stillstand

der Maschine geschieht durch Absperrung der Kohlenzufuhr, indem man die Schubstange des Ventils V_7 von Hand ausrückt. Da die Kompression der Luft in den Cylindern weiter geht, so findet gleichzeitig ein kräftiges Bremsen statt.

Die Schmierung

der Maschine ist nicht besonders in den Tafeln angegeben, sie ist ausschliesslich durch Pumpen gedacht, welche sämmtliche Oelkammern der Ventile, der Plunger u. s. w. speisen. Ausserdem soll die Luft beim Durchstreichen des Ventils V_1 direkt durch einfallende Oeltropfen geschmiert werden, wodurch der Cylinder 1 versorgt ist. — Besondere Oelqualitäten sind nicht nöthig, da das Oel an keiner Stelle mit hoher Temperatur in Berührung ist. Die äusseren Schmierungen sind normal.

Gesammterscheinung des Motors.

Wie Figuren 4 und 5, Tafel II, zeigen, ist die äussere Erscheinung der Maschine äusserst einfach. — Sämmtliche Cylinder sind von einer gemeinsamen Blechhülle umgeben, welche die Isolirung beschützt. Ausdrücklich betont muss werden, dass man statt 3 Cylinder deren mehr oder auch weniger wählen kann; man kann die einzelnen Theile des Diagramms anders auf die einzelnen Cylinder vertheilen; Cylinder 1 (auch 2 und 3) können doppelt wirkend ausgeführt werden, die Luftpumpe kann unabhängig für sich aufgestellt werden, kurz, es ist den verschiedensten Kombinationen freies Spiel gelassen. — Die vorgeführte Disposition hat speciell folgende Vortheile: Die hohen Drucke finden nur in kleinen Cylindern statt — die Steuerorgane funktioniren nur bei niederen Drucken und normalen Temperaturen — sämmtliche Schmierungen sind normal.

Es wurde schon auf S. 47 erwähnt, dass die eben beschriebene Maschine die Aufgabe hat, den vollkommenen Carnot'schen Process direkt mit dem Brennstoff selbst durchzuführen. Dieser Motor ist daher als eine Art Idealtypus zu betrachten, welcher das Maximum der Wärmeverwerthung ergiebt, welches die Wissenschaft heute als möglich erkennt. — Diesem Idealtypus müssen wir bemüht sein, uns so weit als möglich zu nähern. Es ist anzunehmen, dass dabei die sehr hohen, bisher noch nicht realisirten Luftkompressionen einige Schwierigkeiten in der Ausführung ergeben werden, und dass der mechanische Wirkungsgrad solch hoher Kompressionen Anfangs nicht sehr befriedigen wird.

Es liegt daher nahe, für den Anfang die Forderungen weniger hoch zu stellen und insbesondere zu untersuchen, welches Opfer am thermischen

Wirkungsgrad diejenigen Abweichungen vom vollkommenen Process erfordern, welche auf geringere, praktisch bequemer durchführbare Luftkompressionen führen. Dieser Untersuchung ist zunächst das folgende Kapitel gewidmet.

Dritter Abschnitt.

Erste Abweichung vom vollkommenen Verbrennungsprocess.

§ 11. Theorie des abweichenden Processes.

Anstatt die Verbrennungsluft erst isothermisch unter Wassereinspritzung und hierauf adiabatisch bis auf die vorgeschriebene Verbrennungstemperatur zu komprimiren, werde dieselbe nunmehr von atmosphärischem Druck und atmosphärischer Temperatur direkt adiabatisch auf dieselbe

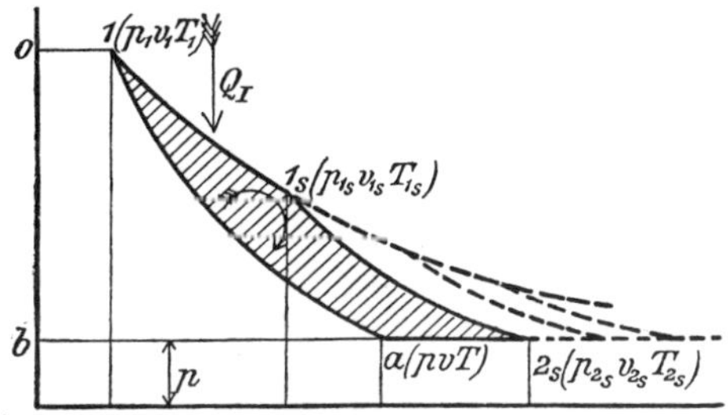

Fig. 10.

Temperatur komprimirt; es ist dann a priori bekannt, dass der zur Herstellung der Temperatur nöthige Maximaldruck im zweiten Fall nur ein Bruchtheil desjenigen im ersten Fall ist. — Die Verbrennung werde dann, genau wie im vollkommenen Process, isothermisch geführt und hierauf folge adiabatische Expansion der Verbrennungsgase bis zurück auf atmosphärischen Druck. — Die Temperatur am Schlusse dieser Expansion ist nicht mehr die atmosphärische wie beim vollkommenen Process. Die Abgase entweichen hier noch mit einem gewissen Wärmeinhalt; dafür ist allerdings während des Processes keine Wärme durch Einspritzwasser entführt worden. Selbstverständlich wird der thermische Wirkungsgrad dieses abweichenden Processes geringer als der des vollkommenen.

Das Diagramm dieses Processes ist in umstehender Textfigur 10 angedeutet. Dasselbe ist aus den Bezeichnungen ohne Weiteres klar.

Aufstellung der Formeln.

Die mathematischen Ausdrücke für diesen Process ergeben sich dann wie folgt:

1. Für den Kompressionscylinder.

Es treten hier die Formeln (42a) bis (51a) auf S. 22 in Kraft, welche für rein adiabatische Kompression entwickelt wurden.

2. Für den Verbrennungscylinder.

Da Verbrennung und Expansion genau so geleitet werden, wie beim vollkommenen Process, so bleiben die Formeln (133) bis (138) ebenfalls in voller Kraft, nur tritt an Stelle der Schlusstemperatur T jetzt T_{2_s}; wir erhalten daher:

aus (133):
$$L'_I = (1 + G)\, p_1\, v_1, \quad \ldots \ldots \quad (133\,a)$$

aus (134):
$$\left.\begin{aligned} L''_I &= (1 + G)\, B\, T_1 \operatorname{logn} \frac{p_1}{p_{1_s}} \quad . \\ Q_I &= A L''_I = A\,(1 + G)\, B\, T_1 \operatorname{logn} \frac{p_1}{p_{1_s}} \end{aligned}\right\}, \quad \ldots \quad (134\,a)$$

aus (135):
$$L'''_I = (1 + G) \frac{c_v}{A} (T_1 - T_{2_s}); \quad \ldots \quad (135\,a)$$

dabei wird die Beziehung (136) zu:

$$\frac{T_{2_s}}{T_1} = \left(\frac{p}{p_{1_s}}\right)^{\frac{\varkappa - 1}{\varkappa}} = \left(\frac{v_1}{v_{2_s}}\right)^{\varkappa - 1}, \quad \ldots \quad (136\,a)$$

aus (137):
$$L_I^{IV} = (1 + G)\, p\, v_{2_s} \quad \ldots \ldots \quad (137\,a)$$

aus (138):
$$L_I = (1 + G) \left\{ \frac{c_p}{A} (T_1 - T_{2_s}) + B\, T_1 \operatorname{logn} \frac{p_1}{p_{1_s}} \right\}. \quad . \quad (138\,a)$$

Aus den Beziehungen (136a) und (48a) entsteht:

$$\frac{T}{T_{2_s}} = \left(\frac{p_{1_s}}{p_1}\right)^{\frac{\varkappa - 1}{\varkappa}} \quad \ldots \ldots \quad (140\,a)$$

Und hieraus wird:

3. Für den Gesammtprocess:

Die wirklich indicirte Nutzarbeit:

$$L = L_I - L_{II} = \frac{c_p}{A}\left\{T_1 + G\,T - (1+G)\,T_{2_s}\right\} + (1+G)\,B\,T_1 \operatorname{logn}\left(\frac{p_1}{p_{1_s}}\right). \quad (141a)$$

Die Wärmegleichung ist identisch mit (143), also:

$$H_I - H_V = c_p\,(T_1 - T) + (1+G)\,A\,B\,T_1 \operatorname{logn}\left(\frac{p_1}{p_{1_s}}\right), \quad . \quad (143a)$$

denn das hier vorkommende T ist nicht durch T_{2_s} zu ersetzen, weil es, nach dem Gang der Entwicklung, die Anfangstemperatur der angesaugten Luft bezeichnet.

Setzt man darin $H_V = 0$, so findet keine Wärmeableitung während der Verbrennung statt, und es wird das zur Erfüllung dieser Bedingung erforderliche Luftgewicht identisch mit (144), nämlich:

$$G = \frac{H_I - c_p\,(T_1 - T)}{A\,B\,T_1 \operatorname{logn} \frac{p_1}{p_{1_s}}} - 1. \quad . \quad . \quad . \quad . \quad (144a)$$

Entgegen dem vollkommenen Process enthalten dieses Mal die Abgase noch die Wärmemenge:

$$W = (1+G)\,c_p\,(T_{2_s} - T). \quad . \quad . \quad . \quad . \quad . \quad . \quad (145a)$$

Der thermische Wirkungsgrad η ist, da $H_V = 0$, $=$ dem wirklichen Wirkungsgrad η', nämlich:

$$\eta = \eta' = \frac{A\,L}{H_I}. \quad . \quad . \quad . \quad . \quad . \quad . \quad . \quad . \quad . \quad (146a)$$

Dass die Wärmebilanz den Werth AL ergiebt, ist hier nicht nochmals besonders nachzuweisen, da es beim Process V allgemein bewiesen wurde.

Diskussion der Formeln.

Wenn hier die zulässige Maximaltemperatur T_1 ebenso hoch gewählt wird, wie bei der vollkommenen Maschine, so ist der dazu gehörige Maximaldruck p_1 nicht mehr beliebig wie bei dieser letzteren, sondern nach Formel (48a) unzweideutig bestimmt. — Während dagegen bei der vollkommenen Maschine der Enddruck der isothermischen Verbrennung sich eindeutig aus den Formeln ergab, ist dieser Druck p_{1_s} im vorliegenden Process in unsere beliebige Wahl gestellt.

Wie in Textfigur 10 punktirt angedeutet ist, kann man die Verbrennung beliebig weit treiben; da aber die nachfolgende adiabatische Expansion bei weitergehender Verbrennung zwischen geringeren Druckdifferenzen stattfindet, so bleiben die Abgase heisser und entführen mehr Wärme, dagegen liefert dasselbe Luftgewicht mehr Arbeit. — Es folgt also die Regel: je weiter man die Verbrennung gehen lässt, um so kleiner wird der Cylinder für eine bestimmte Arbeit, aber um so geringer der thermische Wirkungsgrad.

Zwischen diesen beiden Wirkungen ist zu wählen, um den Endpunkt der Verbrennung festzustellen, wobei noch wesentlich die im Cylinder entstehende Mitteltemperatur des Processes mitspricht, welche stets so zu wählen ist, dass keine künstliche Kühlung der Wände nöthig ist.

Zahlenbeispiele.

Nehmen wir, wie früher beim vollkommenen Process, als Maximaltemperatur während der Verbrennung $t = 800^0$ C. an, so wird der Maximaldruck nach Formel (48a), S. 22, $p_1 = 89{,}8$ Atmosphären, statt 250 Atmosphären beim vollkommenen Process. Der Werth des thermischen Wirkungsgrades η und des Cylindervolumens pro indicirte Pferdestärke u geht aus folgender Zusammenstellung hervor, in welcher der Enddruck der Verbrennung p_{1_s} verschieden hoch gewählt ist:

für	$p_{1_s} =$	70	50	30	10	5 Atmosphären
wird	$u =$	0,0115	0,0055	0,0035	0,0026	0,0026 cbm
und	$\eta =$	0,722	0,709	0,686	0,627	0,582

Für den vollkommenen Process war (nach S. 51):

$$p_{1_s} = 89{,}84,$$
$$U = 0{,}00266,$$
$$\eta = 0{,}730.$$

Der Vergleich zeigt, dass man bei dem abweichenden Process noch rund 71 % Wärmeausnutzung erhält, wenn man für gleiche Leistung den Cylinder im Verhältniss $\frac{0{,}0055}{0{,}00266} = \sim 2 : 1$ vergrössert; bei einem im Verhältniss $\frac{0{,}0035}{0{,}0026} = \sim 7 : 5$ vergrösserten Cylinder erhält man noch 68,6 % Ausbeute, und bei ganz gleich grossen Cylindern noch $\sim$ 63 %. — Es liesse sich daher in letzterem Falle der abweichende Process ohne Weiteres in den für den vollkommenen Process konstruirten Cylindern durchführen, lediglich unter Weglassung der Einspritzung während der Kompression, allerdings unter Verlust von 10 % der zur Verfügung stehenden Wärme. Dieser Verlust ist etwas gross; reduciren wir denselben jedoch auf 5 %, indem wir uns mit $\eta = 68{,}6$ % begnügen, so ist der Cylinder nur im Verhältniss 7 : 5 gegen den vollkommenen Process zu vergrössern, d. h. sehr unwesentlich, und es entsteht gegen den vollkommenen Process eine Minderleistung von nur 5 %; dafür ist der Maximaldruck von 250 auf 90 Atmosphären reducirt, und es ist nicht zu bezweifeln, dass der Verlust am thermischen Wirkungsgrad durch den Gewinn am mechanischen Wirkungsgrad mehr wie aufgehoben wird; man hat aber dabei noch den Vortheil, bei der Ausführung des abweichenden Processes mit Drucken zu arbeiten, welche schon vielfach praktisch hergestellt werden und deren Erzeugung keine Schwierigkeit bietet; solche Drucke werden für Torpedos und pneumatische Akkumulatoren längst laufend erzeugt; auch die Kohlensäurekompressoren, welche in Hunderten von Exemplaren verbreitet sind, arbeiten mit Gasdrucken von 65—80 und mehr Atmosphären und ergeben dabei sehr hohe mechanische Wirkungsgrade. Der vorliegende, abweichende Process hat noch den Vortheil, keines Einspritzwassers zu bedürfen, und macht daher die Ausführung wesentlich einfacher und den Motor vollkommen unabhängig vom Standorte, da zu dessen Betrieb, ausser der überall vorhandenen Luft, lediglich Brennstoff nöthig ist.

Es kann daher keinem Zweifel unterliegen, dass der abweichende Process als Grundlage für die Ausführung dienen muss.

Das Indikatordiagramm

dieses Processes ist in Tafel I, Fig. 2 (siehe S. 52) im Maassstabe gezeichnet; der Uebersicht halber ist dort auch punktirt das schon früher vorgeführte Diagramm des vollkommenen Processes für gleiche Grenztemperaturen in gleichem Maassstabe angegeben. Es zeigt sich, dass der abweichende Process als Kompressionskurve $V V_1$ genau dieselbe Adiabate hat, welche beim vollkommenen Process die Expansion darstellte; ferner zeigt sich, dass die Verbrennung $V_1 V_{1_s}$ des abweichenden Processes genau da einsetzt, wo sie beim vollkommenen Process aufhörte; beide Verbrennungskurven sind verschiedene Stücke ein und derselben Isotherme. Die adiabatische Expansion des abweichenden Processes ist $V_{1_s} V_{2_s}$ und liegt höher als beim vollkommenen Process, weil die Luft wärmer ist. Infolge davon ist auch im Punkte V_{2_s} das Endvolumen der Luft grösser als im Punkte V beim Ansaugen.

Punkt V_{2_s} bestimmt die Grösse des Cylinders. Punkt V dagegen, d. h. die Menge der angesaugten Luft, wird durch die Steuerung festgestellt.

Die zulässigen Maximaldrucke.

Es ist hier auch von Interesse anzuführen, dass die Maximaldrucke des Processes noch sehr reducirt werden können, wenn man die höchste Temperatur tiefer setzt; so erhält man beispielsweise:

für die höchste Temperatur von .	600	700	800°	C.
den höchsten Druck rund . . .	44	64	90	Atmosphären
und den therm. Wirkungsgrad rund	60	64	68	%.

Die Reduktion des Druckes erheischt also wiederum ein Opfer an Wärme; indess erhält man immer noch ein bedeutendes Vielfaches der jetzigen Wärmeausnutzung, selbst wenn man auf 44 Atmosphären herunter geht, also auf Kompressionsverhältnisse, deren praktische Herstellung längst schon als ein überwundener Standpunkt gelten kann. — Diese Reduktion der Drucke wird für gewisse, besonders einfache Ausführungsarten des Motors von Werth sein; indess muss unser Ziel stets bleiben: Drucke und Temperaturen immer mehr zu erhöhen, bis zu der praktisch zulässigen Grenze, welche bei 800° und 90 Atmosphären noch längst nicht erreicht ist, wie noch später gezeigt werden soll.

Zunächst sind jedoch im Folgenden einige Konstruktionen des Motors für den eben untersuchten abweichenden Process näher beschrieben und zwar für verschiedene Arten von Brennmaterialen.

Vierter Abschnitt.

Konstruktion des Motors für den abweichenden Process.

§ 12. a) Konstruktion des Motors für feste Brennstoffe.

Mehrstufige Kompression und Expansion.

Es wurde schon erwähnt, dass der auf Tafel II angegebene Motor auch ohne Weiteres den abweichenden Process durchführt, wenn man die Wassereinspritzung während des ersten Stadiums der Luftkompression weglässt und die Cylinderdimensionen entsprechend den neuen Formeln wählt. Das Zwischengefäss für Luft muss dabei so vollkommen als nur möglich isolirt werden, weshalb es extra aufzustellen ist, unter Verzicht auf das Maschinengestell für diesen Zweck.

Von hervorragender Wichtigkeit bei dieser mehrstufigen Konstruktion ist der Umstand, dass die Verbrennungscylinder von ausserordentlicher Kleinheit werden, da sie ja nur vorkomprimirte, also im Volumen schon auf $^1/_3$ bis $^1/_5$ reducirte Luftmengen aufzunehmen und nachzukomprimiren haben; da ausserdem 2 solcher Verbrennungscylinder vorhanden sind, so werden deren Dimensionen wiederum reducirt, was deren Konstruktion, das Dichthalten der Stopfbüchse u. s. w. wesentlich erleichtert. Die mehrstufige Kompression und Expansion bietet daher für die praktische Ausführung des Motors unschätzbare Vorzüge.

Mehr ist dann über diese Ausführungsart nicht zu erwähnen. Dagegen muss betont werden, dass man diese mehrstufige Ausführungsart nur für grössere Arbeitsleistungen wählen wird; man wird sich für kleine Maschinen, etwa bis zu 50 Pferdekraft und namentlich für Kleinmotoren lediglich der Verbrennungscylinder allein bedienen.

Einstufige Kompression und Expansion.

Ein solcher Cylinder arbeitet wie ein eincylindriger Gasmotor im Viertakt, d. h. mit einem Arbeitsgang pro 2 Touren; die Aneinanderkuppelung zweier solcher Cylinder mit abwechselnder Verbrennung ergiebt einen Arbeitsgang bei jeder Tour, also gleichmässerigen Gang. Eine solche Konstruktion ist auf Tafel II, Fig. 13—15 durchgeführt, und ist im folgenden Kapitel näher beschrieben, weil flüssiges Brennmaterial dafür angenommen ist.

Verwendung backender Kohlensorten.

Dagegen sei hier noch mit wenigen Worten auf die Anwendung solcher Kohlensorten hingewiesen, welche beim Erhitzen backen.

Da der früher (S. 61) beschriebene rotirende Hahn der Hitze der komprimirten Luft ausgesetzt ist, und überhaupt in heisser Umgebung arbeitet, so würde der Inhalt der seitlichen Rille bei solchem Brennmaterial zusammenbacken und die richtige Zufuhr des Brennstoffes wäre beeinträchtigt.

Backende Brennstoffe müssen deshalb in kalter Umgebung bis zum Augenblick der Verwendung lagern und erst im Cylinder selbst in ganz zerstreuter Form mit der erhitzten Luft in Berührung kommen. — Unter den vielen Konstruktionen, welche diese Aufgabe lösen, ist auf Tafel II, Fig. 18 eine sehr einfache angegeben. C ist darin der obere Theil des Verbrennungscylinders, P der Plungerkolben in seiner obersten Stellung, bei welcher in der Verbrennungskammer A das ganze Quantum hoch komprimirter und erhitzter Luft zusammengedrängt ist.

Nun besitzt der Motor eine (in der Figur nicht gezeichnete) ganz kleine Luftpumpe, welche ein sehr geringes Quantum Luft auf einige Atmosphären höher komprimirt als der höchste Kompressionsdruck im Arbeitscylinder beträgt; diese Luft wird jedoch unter Wasserkühlung komprimirt, ist also kalt.

Im richtigen Moment wird nun durch die Steuerung die Nadel N geöffnet, und die komprimirte kalte Luft dringt aus dem Ringraum L mit

Vehemenz in den Verbrennungsraum A über, indem sie das unterwegs ihr beigestreute Kohlenpulver mitreisst. Da die kalte Luft Ueberdruck hat, so wird niemals erhitzte Luft aus A nach L zurücktreten; die Entzündung des Pulvers findet erst in dem Raume A unter Rückgang des Kolbens und abnehmendem Drucke statt und die Zufuhrvorrichtung wird nicht versetzt. Zum Ueberfluss ist der Zufuhrraum L noch mit Wasser W umgeben.

Mit diesen kurzen Andeutungen wollen wir die Frage der festen Brennstoffe verlassen und übergehen zu der

§ 13. b) Konstruktion des Motors für flüssige Stoffe.

Tafel II, Fig. 13—15.

Allgemeine Beschreibung.

Die Gesammtanordnung ist aus Figur 13 ersichtlich; sie besteht aus zwei identischen, einfach wirkenden, vertikalen Verbrennungscylindern mit Plungerkolben. — Die Kurbeln beider Cylinder stehen gleich; dagegen findet die Verbrennung in denselben abwechselnd statt, so dass jede Umdrehung einen Arbeitsgang hat. Jeder Cylinder für sich allein bildet jedoch ebenfalls eine vollständige Maschine, deren Gang aber weniger gleichmässig ist. Die Cylinder sind von aussen sorgfältig isolirt.

Die Arbeitsvorgänge

in jedem einzelnen Cylinder sind folgende:

1. Abwärtsgang des Kolbens durch angesammelte lebendige Potenz des Schwungrades aus vorhergehenden Arbeitshüben, unter Ansaugen von atmosphärischer Luft durch das Hauptventil V (Fig. 13) während etwa 75 % des Kolbenweges; hierauf Schluss des Ventils V. Beim weiteren Weg des Kolbens bis zum unteren Hubende 1 expandirt die Luft etwas, eine Wirkung, welche mit dem Process nichts zu thun hat, welche jedoch von selbst entsteht, da die Luft bei ihrer Entlassung ein grösseres Volumen hat (weil sie wärmer ist) als beim Ansaugen, und weil das Cylindervolumen durch das Luftvolumen nach der Verbrennung bestimmt wird (vergl. Diagr. Tafel I, Fig. 2, S. 52).

2. Aufwärtsgang des Kolbens in einem Schub in seine oberste Stellung, welche durch die Kurbellänge festgestellt ist; die oberste Stellung ist in Figur 13 punktirt und mit 2 bezeichnet. Hierbei komprimirt der Kolben, immer noch durch lebendige Potenz des Schwungrades, die angesaugte Luft auf einen Druck zwischen 44 und 90 Atmosphären (oder mehr), wobei sich dieselbe auf 600—800° C. (oder mehr) erhitzt.

3. Zweiter Abwärtsgang des Kolbens oder Arbeitsgang. Dabei bleibt das Hauptventil V immer noch geschlossen, dagegen öffnet sich im Todpunkte, bezw. mit ganz geringer Voreilung, die Nadel n (Fig. 13) und lässt durch die Oeffnung D einen scharfen dünnen Strahl Petroleum unter Ueberdruck in die erhitzte Luft eintreten; in Figur 13a ist dieser Theil mit gleichen Bezeichnungen in grösserem Maassstabe sichtbar. — Da Rohpetroleum sich schon bei 60—80° C. entzündet, so findet augenblickliche Zündung und Verbrennung des eintretenden Petroleums statt, und zwar unter gleichzeitigem Rückgang des Kolbens, also Expansion der Luft, so dass während der ganzen Verbrennung keine Steigerung der Temperatur über diejenige eintritt, welche von vornherein durch die Kompression hergestellt war (600 bis 800° C).

Die Admissionsperiode des Brennstoffes beträgt 7—8% des Kolbenweges, worauf Nadel n sich schliesst und die weitere, adiabatische Expansion der Verbrennungsgase selbstthätig vor sich geht bis zum unteren Hubende. — Hierbei kühlen sich die Gase sehr weit ab, und zwar, wie die Rechnung ergiebt:

bei 600°	Verbrennungstemperatur	auf	60°
- 700°	-	-	90°
- 800°	-	-	120°.

4. Zweiter Aufwärtsgang des Kolbens, wiederum durch die eben errungene lebendige Kraft des Schwungrades. — Hierbei öffnet sich das Hauptventil V und die Gase entweichen blasrohrartig in ein nach aussen führendes Rohr (Fig. 13). Hierauf beginnt das eben beschriebene Viertaktspiel von Neuem.

Die Temperaturen im Cylinder

sind von besonderer Wichtigkeit. In Figuren 19 und 20, Tafel III, ist für den vorliegenden Motor bei einer Maximaltemperatur von 800° C. das vollständige Temperaturdiagramm für eine viertaktige Periode gezeichnet, wobei wie folgt verfahren wird.

In Figur 19 ist K der Kurbelkreis, P die Pleuelstange, die Strecke 0 bis 8 ist der Kolbenweg. Der Kurbelhalbkreis ist in 8 gleiche Theile getheilt, denen auf der Strecke 0 8 die Kolbenstellungen 0, 1, 2 . . . bis 8 entsprechen.

In jedem der letzten Theilpunkte ist als Ordinate die der Kolbenstellung entsprechende Temperatur aufgetragen, nach der bekannten Beziehung der Adiabate:

$$\frac{T}{T_1} = \left(\frac{v_1}{v}\right)^{\varkappa - 1}.$$

Es entsteht so die Kurve a b für die Temperaturen während der

Kompression, b c für die Verbrennung bei konstanter Temperatur (800°), c d für die Expansion; e a ist konstant = 20° angenommen, obgleich ja beim Ansaugen nach a e eine Abkühlung, hierauf eine Wiedererwärmung nach e a auf 20° stattfindet; diese letzteren Nebenwirkungen sind vernachlässigt.

Nun werden bei der Kurbelbewegung gleich grosse Kolbenwege in ganz verschiedenen Zeiten zurückgelegt; für uns ist aber von Wichtigkeit der Verlauf der Temperatur in Bezug auf die jeweilige Dauer derselben, und nicht in Bezug auf die Kolbenwege.

Deshalb ist in Figur 20 das Zeitdiagramm der Temperatur hergestellt. — Darin ist m n die Ansaugeperiode bei konstanter Temperatur von 20°; n o die Kompressionsperiode bei steigender Temperatur bis 800°; o p die Verbrennungs- und Expansionsperiode bei zuerst konstanter, dann fallender Temperatur, endlich p q der Auspuff bei konstanter Temperatur von 120°. — Jede Periode selbst ist in 8 gleiche Theile getheilt, welche also den 8 Theilpunkten des Kurbelkreises K entsprechen. Die Kurven des Zeitdiagramms findet man einfach, indem man in den Theilpunkten die entsprechenden Ordinaten des Wegdiagramms aus Fig. 19 aufträgt.

Berechnet man endlich die Fläche des Zeitdiagramms und verwandelt dieselbe in ein Rechteck, so ist die Höhe desselben im gewählten Maassstabe = 170° C. als resultirende Mitteltemperatur einer 4taktigen Periode.

Diese Mitteltemperatur von 170° ist nicht höher als die gewöhnlicher Dampfmaschinen; es ist damit auch ziffernmässig nachgewiesen, dass der ganze Process ohne jede künstliche Kühlung der Cylinderwände vor sich gehen kann. Auch ist damit der Beweis erbracht, dass die Verbrennungstemperatur höher als 800° C., etwa 1100—1200° C., gewählt werden kann, da dann die Mitteltemperatur immer noch unter 300° bleibt. Es können somit selbst beim abweichenden Processe thermische Wirkungsgrade bis 75% erreicht werden. — Ueber diese Temperatur von 1100 bis 1200° noch hinaus zu gehen, ist nicht zweckmässig, da dann die Zunahme des Effektes nur ungemein langsam erfolgt, wie auf S. 45 erwähnt wurde.

Diese Mitteltemperatur von 170° gilt übrigens lediglich für den Kompressionsraum, also blos in der Umgebung der Brennstoffzufuhrvorrichtung. — Je weiter man sich von dieser Stelle entfernt, um so geringer wird die Mitteltemperatur; in der Nähe der Kolbenstopfbüchse ist die Temperatur nur sehr wenig höher als die der Aussenluft, so dass diese Stopfbüchse unter den denkbar günstigsten Verhältnissen sich befindet.

Es ist wohl nicht mehr nöthig, die Arbeitsverhältnisse der einzelnen Organe, Ventile u. s. w. zu untersuchen, da dies bei der Beschreibung des vollkommenen Motors ausführlich geschah.

Die Konstruktion der einzelnen Theile

wollen wir noch mit wenigen Worten berühren. Das Hauptventil V wird durch Federkraft an seinen Sitz gedrückt; es wird gesteuert durch die unrunde Scheibe S (Tafel II, Fig. 13 bis 15); die Form dieser unrunden Scheibe ist sehr einfach, da das Ventil eine ganze Tour lang offen (Ausstoss und Ansaugen), hierauf eine ganze Tour lang geschlossen bleibt (Kompression und Verbrennung). Die Steuerwelle W macht halb so viele Touren als der Motor selbst; der Antrieb dieser Steuerwelle ist nicht gezeichnet, derselbe ist identisch mit dem Antriebe des auf Taf. II, Fig. 3—8 vorgeführten Motors. Auch Gestell, Kurbeln, Pleuelstangen u. s w. sind hier nicht mehr besonders vorgeführt.

Für die allmählige und kontinuirliche Zufuhr von flüssigem Brennstoff dient die Düse D, welche durch die Nadel n verschlossen gehalten wird; durch den inneren Raum r der Düse D (Fig. 13 und 13a) wird das flüssige Brennmaterial durch eine (nicht gezeichnete) Speisepumpe unter konstantem Ueberdruck zugeführt; in Fig. 14 ist die von der Pumpe herkommende Rohrabzweigung bei t sichtbar. Für die Steuerung des Brennstoffstrahles ist hier genau die Konstruktion gewählt, welche bei den Sulzer'schen Ventilmaschinen die Admissionsperiode des Dampfes steuert: ein Excenter E bewegt den Stahlbacken q (Fig. 15) in einer elliptischen Kurve auf und ab; der Stahlbacken r ist an der Zugstange der Nadel n befestigt; sobald bei der Abwärtsbewegung q auf r trifft, öffnet sich die Nadel und bleibt so lange offen, bis der Backen q denjenigen r wieder verlässt, worauf die Nadel sich durch Federdruck plötzlich schliesst. Da r durch die Stange St vom Regulator aus verstellbar ist, so stellt letzterer in beiden Cylindern zugleich die Länge der Admissionsperiode von Brennstoff ein und regulirt damit äusserst empfindlich die Geschwindigkeit der Maschine.

In Fig. 13 und 13a ist um die Düse herum noch ein Ringraum s sichtbar, welcher mit dem Inneren des Cylinders in freier Verbindung steht. Beim Zurückweichen des Kolbens unter Druckabnahme stürzt die Luft aus diesem Ringraum in den Cylinder zurück und dient auf diese Weise zur Zerstäubung des Brennstoffstrahles sowohl, als zur Hervorrufung stürmischer Bewegungen behufs Vertheilung der Verbrennungswärme auf das ganze Luftvolumen. Dieser Ringraum s hat eine lediglich praktische Bedeutung, die für das Verfahren an sich unwesentlich ist.

Bei O, Fig. 13 und 14, ist noch eine Oeffnung sichtbar, behufs Einführung komprimirter Luft oder eines Explosivstoffes zur ersten Ingangsetzung des Motors.

Die Dichtung des Kolbens besteht aus dem hydraulischen Oelverschluss mit Stulp L, aus der Oelkammer K und aus der gewöhnlichen

Baumwollpackung a. Da der Verschluss L hydraulisch ist, so schliesst er jeden Luftverlust aus; der Stulp ist aus Leder oder aus elastischem Metall. Das Oel in L wird durch eine kleine Schmierpumpe eingepresst. Die Kammer K ist mit Oel gefüllt und erhält so die Oberfläche des Kolbens reichlich geölt; die gewöhnliche Packung a hat nur den Zweck, das Oel in K zu erhalten und den Kolben vom überflüssigen Oel abzustreifen.

Fig. 16, Tafel II, zeigt eine andere Steuerungsweise der Petroleumnadel, vermittels einer unrunden Scheibe. Auch die Dichtung des Kolbens ist hier anders; sie besteht aus 2 stulpförmigen Metallringen, zwischen welche eine Oelpumpe Oel presst, und zwar unter einem höheren Druck als der höchste Druck im Cylinder. Der obere Stulp dient als Abstreifer, der untere als Dichtung nach aussen und das Oel als hydraulischer Verschluss; es sind also die 3 Wirkungen in einer Kammer vereinigt.

In Fig. 17, Tafel II, ist neben dem Hauptventil V und der Nadel n noch ein kleineres Luftventil T sichtbar; dasselbe ist ebenfalls gesteuert angenommen, und dient blos zur Ingangsetzung des Motors mittels komprimirter Luft aus einem Reservoir unter Volldruck; während der Ingangsetzung strömt also durch T komprimirte Luft in den Cylinder und nach vollbrachter Arbeit durch das Hauptventil V in's Freie. Sobald die nöthige lebendige Potenz des Schwungrades erreicht ist wird die Steuerung des Ingangsetzungsventils T ausgeschaltet und die der Petroleumzufuhr gleichzeitig eingerückt, wodurch der regelmässige Betrieb hergestellt ist.

Nicht unerwähnt wollen wir lassen, dass man die Petroleumnadel und ihre Steuerung auch ganz weglassen kann, wenn man die Petroleumspeisepumpe so einrichtet, dass sie im richtigen Moment und während der vorgeschriebenen Admissionsperiode das Petroleum direkt durch die Düse in den Cylinder presst; es ist dann die Petroleum-Pumpe mit Vorrichtungen zur Variation der Admissionsperiode zu versehen, was sehr einfache Konstruktionen ergiebt.

§ 14. Konstruktion des Motors für gasförmige Brennstoffe.

Beschreibung.

Gasförmige Brennstoffe müssen mittels einer besonderen kleinen Gaspumpe auf etwas höhere Drucke komprimirt werden, als der höchste Kompressionsdruck im Arbeitscylinder beträgt; während und nach dieser Kompression müssen die Gase so weit abgekühlt werden, dass sie durch eine Rohrleitung bis zur Brennstelle geführt werden können. — Die Zufuhrvorrichtung des Brennstoffes in den Cylinder ist im Uebrigen identisch mit den betreffenden Organen für flüssige Brennstoffe, wie sie in den Fig. 13

bis 18 auf Tafel II ausführlich beschrieben wurden. — Bei näherer Betrachtung des Vorganges zeigt sich, dass diese sämmtlichen Konstruktionen ohne Weiteres für Gase anwendbar sind.

Preis des Gases.

Es ist jedoch zu bedenken, dass 7800 Kal. in 1 kg Kohle gegenwärtig ca. 2 Pf. kosten, dagegen 5000 Kal. in 1cbm Gas etwa 15—20 Pf. — In der Kohle hat man also für 1 Pf. 3500—4000 Kal., im Gas nur 350—400 Kal.; die Wärme des Gases ist also zehnmal so theuer wie in der Kohle; rechnet man hinzu, dass der Gasmotor von der Gasfabrik und den Gasleitungen abhängt, auch von den Wasserleitungen, während der neue Motor vollkommen unabhängig, ausserdem einfacher, kleiner und handlicher ist, so ist wohl anzunehmen, dass man im Allgemeinen von der Anwendung des Gases im neuen Motor absehen wird.

Die Anwendung von Gas wird nur dann in Frage kommen, wenn die Eigenschaften gewisser fester Kohlensorten deren direkte Anwendung im Motor nicht zulassen. Solche Brennstoffe müssen zuerst vergast werden; es wird aber zu diesem Zweck kein grosser und umständlicher Apparat nöthig, wie es die Gasgeneratoren oder Wassergaserzeuger sind.

Ein Gaserzeuger

besteht für den vorliegenden Motor lediglich aus einem vertikalen, nach unten konisch erweiterten Rohr aus feuerfestem Material, welches mit glühender Kohle gefüllt ist; durch die Kohlenschicht hindurch wird pro Hub gerade das nöthige Luftquantum angesaugt, um Kohlenoxyd zu bilden; letzteres wird, wie oben auseinandergesetzt, komprimirt und im richtigen Moment in den Cylinder behufs Verbrennung eingeführt. Die Gaserzeugung findet daher pro Hub statt, ohne Aufstapelung von Vorräthen; die Gasmenge pro Hub ist aber verschwindend klein (weniger als $^1/_{100}$ des Volumens des Arbeitscylinders); der dazu gehörige Apparat mit Kompressionspumpe u. s. w. fällt daher ebenfalls ungemein klein aus; die Strahlungs- und andere Verluste eines solchen Apparates kommen kaum in Betracht; die Verbrennungsrückstände kommen dagegen nicht in die Maschine.

Da aber mit jeder Vergasung an und für sich Wärmeverluste verbunden sind, weil die erzeugten Gase nicht den Brennwerth des ursprünglichen Brennstoffes haben, so wird man den Vergasungsapparat, trotz seiner Einfachheit, nur in solchen Fällen anwenden, wo die Geringwerthigkeit der Kohle deren direkte Verwendung nicht gestattet.

Fünfter Abschnitt.

Andere Abweichungen vom vollkommenen Process.

§ 15. Zweite Abweichung vom vollkommenen Process (unvollständige Expansion).

Bei Betrachtung des Diagramms des abweichenden Processes, Fig. 2, Tafel I, S. 52, fällt sofort auf, dass die unterste Expansionsspitze sehr grosse Cylindervolumina verlangt, und doch nur eine minimale Arbeitsleistung darstellt.

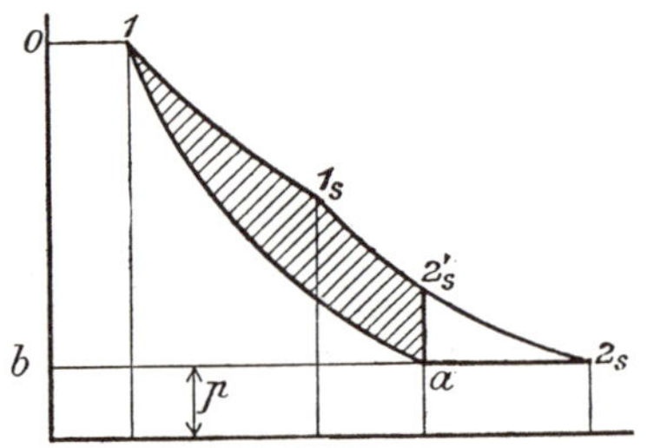

Fig. 11.

Der Gedanke liegt sehr nahe, die Expansionsspitze $2'_s\ 2_s$ a, Textfigur 11, wegzulassen; es würde dann der ganze Cylinder voll Luft zu saugen sein (statt nur auf etwa 75 %); die Expansion $1_s\ 2'_s$ geht dabei nur bis auf das ursprüngliche Volumen b a der angesaugten Luft.

Ausrechnung des Verlustes.

Die früher gegebenen Formeln dienen ohne Weiteres auch zur Ausrechnung dieses Falles. Für gleiche Maximaltemperatur von 800° C., wie sie früher angenommen wurde, entsteht aus denselben der Enddruck im Punkte $2'_s$:

$$p'_{2_s} = 1{,}62 \text{ Atmosphären,}$$

die Endtemperatur der Expansion im Punkte $2'_s$:

$$T'_{2_s} = 187^0 \text{ (statt früher } 130^0\text{).}$$

Beim Oeffnen des Austrittventils findet jedoch plötzliche Druckverminderung auf atmosphärischen Druck p statt, begleitet von einer Abkühlung der Gasmasse auf 130°; der Auspuff findet demnach wie früher bei 130°

statt und die Mitteltemperatur im Cylinder ist nicht wesentlich höher wie früher. Das Verhältniss des in Textfigur 11 schraffirten Theiles des Diagrammes zum Ganzen ist 0,9652. Der thermische Wirkungsgrad wird jetzt 0,654 (statt früher 0,678). — Der Verlust am thermischen Wirkungsgrad ist 2,4 %, also so gering, dass er die Verkleinerung der Cylinderdimensionen rechtfertigt.

Resultat für die Praxis.

Die neuen Motoren sind also so zu konstruiren, dass das Ansaugen atmosphärischer Luft mit dem vollen Cylinder stattfindet, und es wird dann für den abweichenden Process der Cylinder genau ebenso gross wie für den vollkommenen Process.

§ 16. Dritte Abweichung vom vollkommenen Process (andere Verbrennungsarten).

Beschreibung anderer Verbrennungsarten.

Es wurde schon bei Untersuchung der Verbrennungsprocesse III und IV angedeutet, dass die Verbrennungen bei konstantem Druck und konstantem Volumen weit bessere Resultate erzielen lassen, als sie jetzt in den Feuerluft- bezw. Gasmotoren geben. Wie dort nachgewiesen wurde, muss man zu diesem Zweck sehr hohe Kompressionen anwenden, ebenso hohe, wie die für den isothermischen Process näher erläuterten; zu diesem Zweck kann das Brennmaterial nicht mit der Luft gemischt werden, vielmehr muss die reine Verbrennungsluft allein komprimirt werden, da sonst, lange ehe die vorgeschriebene Kompression erreicht ist, Zündung eintreten würde, wodurch der Process unterbrochen wird. — In diese hoch komprimirte und dadurch weit über die Entzündungstemperatur erhitzte Luft kann nun Brennstoff eingespritzt werden; diese Einspritzung kann sehr rasch erfolgen, so dass die Verbrennung bei nahezu konstantem Volumen vor sich geht, oder sie kann während eines Theiles des Kolbenrückganges erfolgen; je nach dem Verhältniss der Brennstoffzufuhr zum Kolbenweg entsteht dann Verbrennung bei steigendem oder fallendem Druck oder auch bei konstantem Druck, und endlich, wenn die früher beschriebene Brennstoffzufuhr gewählt wird, bei konstanter Temperatur.

Vergleich mit der vollkommenen Verbrennung.

Die auf S. 46 gegebenen charakteristischen Merkmale des neuen Motors bleiben in allen diesen Fällen bestehen, nämlich:

1. Herstellung einer sehr hohen (weit über der Entzündungstemperatur des Brennstoffes liegenden) Temperatur nicht durch Verbrennung, sondern durch mechanische Kompression reiner Luft.
2. Allmählige Einfuhr von Brennstoff in diese komprimirte und dadurch hoch erhitzte Luft während einer mehr oder weniger langen Admissionsperiode.
3. Richtige Wahl des Luftgewichtes zur Brennstoffmenge nach den von dem Heizwerthe ausgehenden Formeln und nach der Bedingung, dass eine gewisse Maximaltemperatur nicht überschritten werden darf, damit keine künstliche Kühlung der Cylinderwände stattfinden muss.

Diese verschiedenen Arten von Maschinen unterscheiden sich demnach lediglich durch die Länge der Admissionsperiode des Brennstoffes. Die erzielten thermischen Resultate jedoch weichen ganz beträchtlich von einander ab. — Es würde hier zu weit führen, die einschlägigen Untersuchungen im Detail wiederzugeben; es ist das um so weniger nöthig, als jeder Wärmetheoretiker die Resultate a priori angeben kann: der für den vollkommenen Motor angegebene Process war im Grunde der Carnot'sche Kreisprocess; es ist zur Genüge bekannt, dass dieser Process die höchste Wärmeausnutzung ergiebt, welche überhaupt möglich ist.

Da die Grenztemperaturen für den praktischen Gang des Motors gegeben sind, so wird zwischen diesen unabänderlichen Werthen jeder andere Process weit geringere Wirkungsgrade ergeben als der Carnot'sche oder der ihm fast ebenbürtige abweichende Process, wie er früher beschrieben wurde.

Resultate für die Praxis.

Es wäre demnach falsch, in einer anderen Führung der Verbrennung Verbesserungen der Maschine erzielen zu wollen. — Es wäre das um so mehr falsch, als für jede andere Verbrennungsart weit grössere Cylinderdimensionen für gleiche Arbeitsleistung entstehen, was die Rechnung sofort ergiebt. Die in dem letzten Paragraphen angedeuteten Abweichungen vom vollkommenen Process führen also — im Gegensatz zu den zwei ersten Abweichungen — nur zu Verschlechterungen des Motors.

Sechster Abschnitt

§ 17. Der neue Motor als geschlossene Maschine.

Auf S. 50 ist schon darauf hingewiesen worden, dass die Cylinderdimensionen wesentlich kleiner werden, wenn als untere Druckgrenze ein höherer Druck p' als der atmosphärische p gewählt wird.

Theorie.

Wir wollen hier nicht die Formeln für diesen Fall besonders anführen, es genügt, das Resultat der Untersuchung festzuhalten; es lautet: Bei gleichen Grenztemperaturen sind sämmtliche einzelnen Arbeitsleistungen im Diagramm, daher auch die Gesammtresultate in Bezug auf Leistung, Temperaturen und thermischen Wirkungsgrad identisch mit den bei der offenen Maschine erhaltenen Werthen. — Dagegen sind in den 4 Eckpunkten des Diagramms die Drucke im Verhältniss $\frac{p'}{p}$ höher, die Volumina im umgekehrten Verhältniss $\frac{p}{p'}$ kleiner als bei der offenen Maschine.

Lediglich die Drucke setzen uns daher Grenzen bei Verkleinerung der Cylinderdimensionen.

Es wird also eine der wichtigsten Aufgaben der praktischen Technik sein, schon sehr bald an die Erzeugung sehr hoher Luftdrucke heranzutreten, da gleichen Schritt damit die Verkleinerung der Dimensionen, bezw. die Herstellung sehr grosser Maschinen gehen wird.

Wir wiederholen dabei noch einmal, wegen der grossen Wichtigkeit dieser Thatsache, dass bei Anwendung mehrstufiger Kompression und Expansion die eigentlichen Verbrennungscylinder, d. h. diejenigen Theile, welche allein die sehr hohen Drucke auszuhalten haben, ganz ausserordentlich klein werden. — Sobald man z. B. praktisch Drucke von 270 Atmosphären erzeugen kann, wird die auf Tafel II gezeichnete

Maschine statt 100 HP. ind. deren 300 leisten, indem man den Anfangsdruck auf 3 Atmosphären erhöht, die Maschine geschlossen hält, und mit ihr den abweichenden Process, also ohne Wassereinspritzung durchführt.

Konstruktion.

Während bei der offenen Maschine die warmen Abgase in die Atmosphäre entlassen wurden, kann bei der geschlossenen Maschine die Wärmeabfuhr der Abgase lediglich durch künstliche Kühlung geschehen, am besten durch Wasser, entweder in einem Oberflächen- oder in einem Mischkühler.

Da die geschlossene Maschine hauptsächlich für sehr grosse Leistungen in Betracht kommt, also für Schiffsmaschinen, so ist das Wasser stets zur Hand. — Das nöthige Wasserquantum beträgt übrigens bei einer Erwärmung desselben um 10° C. rund den zehnten Theil der für Kondensations-Dampfmaschinen erforderlichen Menge; lässt man grössere Erwärmung zu, so lässt sich diese Wassermenge noch proportional der Temperaturdifferenz reduciren.

Lässt man als unterste Temperatur des Kreisprocesses 100° C. (statt 20° C.) zu, so kann die Abkühlung der warmen Luft bei 100° erfolgen, also unter Verdampfung des Wassers, wodurch das Kühlwasser auf derartig minimale Mengen reducirt wird, dass selbst jede transportable Maschine (Lokomotive etc.), sofern sie geschlossen gebaut wird, diese geringe Wassermenge ohne Weiteres mit sich führen kann, da dieselbe weit geringer ist als die bei Dampfmaschinen nöthige Speisewassermenge.

Der Betrieb

der geschlossenen Maschine ist im Wesentlichen derselbe wie derjenige der offenen. Nur wird die Luft nicht mit dem Drucke p aus der Atmosphäre entnommen, sondern mit dem Druck $p' > p$ aus dem Kühler, welcher gleichzeitig als Luftreservoir dient, jedoch mit derselben Temperatur von etwa 20° C.; im Kühler ist keine reine Luft enthalten, sondern eine beliebige Mischung von Luft mit Verbrennungsgasen (die Verbrennungsrückstände sind durch das Wasser niedergeschlagen); diese Gasmasse wird infolge ihrer Zusammensetzung eine richtige Verbrennung nicht mehr zulassen; deshalb besitzt der Motor neben dem Verbrennungscylinder eine kleine Luftpumpe, welche bei jedem Hub das zur Verbrennung nöthige Quantum reiner Luft aus der Atmosphäre ansaugt und komprimirt; der Hauptcylinder saugt aus dem Kühler etwas weniger als die normale Gasmenge an und komprimirt dieselbe gleichzeitig.

Im Moment der höchsten Kompression wird eine Verbindung zwischen beiden Cylindern hergestellt; die reine, hoch komprimirte und erhitzte Luft aus der Luftpumpe strömt dann mit Vehemenz in den Hauptcylinder über, indem sie unterwegs den Brennmaterialstrom passirt und die Verbrennung besorgt; da gleichzeitig mit dieser Verbrennung in Folge des Ueberströmens eine sehr energische und innige Mischung mit der Hauptgasmasse im Arbeitscylinder stattfindet, so sind die Vorgänge dieselben, wie wenn die Verbrennung im Innern dieser Gasmasse selbst vor sich ginge, obgleich dieselbe dabei nur als Vehikel für die Wärme dient.

Aus dem Kühler muss bei jedem Hube eine der frisch angesaugten Luft gleiche Menge Gase entlassen werden. — Diese Gase stehen noch unter Druck und können deshalb noch Arbeit verrichten, so dass die zur Kompression der frischen Ersatzluft nöthige Arbeit wieder gewonnen werden kann.

Beschaffung der Ersatzluft.

Die mathematische Verfolgung dieses Problems (die wir hier nicht wiedergeben) liefert den Beweis, dass der Ersatz der Luft für die geschlossene Maschine thatsächlich keine Arbeit erfordert, wenn man dieselbe durch die Abgase leisten lässt.

Da die Abgase dabei adiabatisch expandiren, und man die Ersatzluft unter Wassereinspritzung isothermisch bis auf den Druck des Kühlers komprimiren kann, so kann dabei sogar noch ein kleiner Arbeitsgewinn entstehen; es ist jedoch kaum wahrscheinlich, dass derselbe die Komplikation der Wassereinspritzung rechtfertigt.

Geschlossene Maschine mit mehrstufiger Kompression und Expansion.

Die Vortheile dieser Anordnung sind dieselben, wie sie auf S. 70 auseinandergesetzt wurden, d. h. der gleich grosse Verbrennungscylinder leistet dabei ein Vielfaches der Arbeit wie bei einstufiger Arbeitsweise. Da lediglich der Verbrennungscylinder hohe Drucke und Temperaturen auszuhalten hat, und die Ausführungsschwierigkeiten mit den Dimensionen dieses Cylinders wachsen, während der grosse Cylinder unter durchaus normalen Verhältnissen arbeitet, so wird auch hier die Vergrösserung der Leistung nicht in der Vergrösserung des Verbrennungscylinders zu suchen sein, sondern in der Anfügung eines Nachexpansions- bezw. Vorkompressionscylinders.

Die Vereinigung des geschlossenen Processes mit der Mehrstufigkeit ergiebt derartig kleine Maschinen, dass dieselben neben den heutigen Dampfmaschinen als wahre Spielzeuge erscheinen.

Siebenter Abschnitt.

§ 18. Der neue Motor als Kälteerzeugungsmaschine.

Theorie.

Wenn in einem geschlossenen Motor die Luft noch weiter expandirt als bis zu ihrem Anfangsdruck p', etwa herunter bis zum atmosphärischen Drucke p, so kühlen sich die Gase weiter als bis T_{2_s}, etwa auf T_u und der Process kann so geleitet werden, dass die Endtemperatur beliebig weit unter 0° herunter geht.

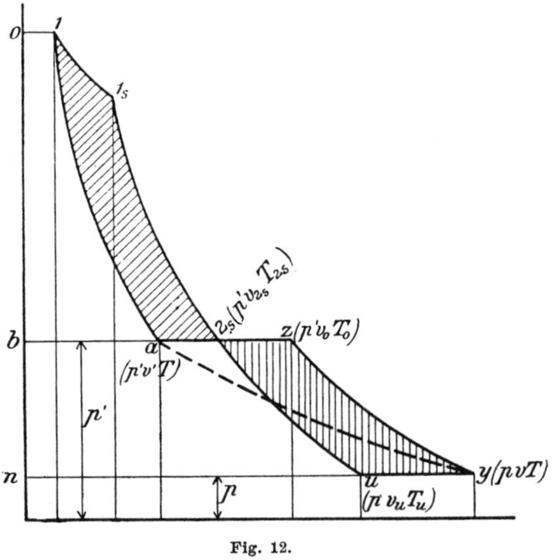

Fig. 12.

Sei in vorstehender Textfig. 12 a — 1 — 1_s — 2_s das Diagramm des geschlossenen Motors, wie er im vorigen Paragraphen beschrieben wurde. Statt nun die Luft mit der Temperatur T_{2_s} in den Kühler zu schieben, lasse man dieselbe adiabatisch weiter expandiren bis auf atmosphärischen

Druck p, nach Kurve 2_s — u. Dann hat im Punkte u die Luft die Temperatur T_u erreicht, welche negativ sei; man kann dann die Luft nach u n hinausschieben und zu Kühlzwecken benutzen. — Der Process ist derselbe, wie wenn man im Punkte 2_s die Luft nach 2_s — b in ein Reservoir hinausgeschoben hätte, aus dem dieselbe unter Volldruck b — 2_s in einem besonderen Cylinder arbeitsverrichtend wieder aufgenommen worden wäre, um dann zu expandiren und nach u — n hinaus geschoben zu werden. Die Luft hat demnach noch eine Nutzarbeit l_I verrichtet, welche dem Inhalt des Diagramms b — 2_s — u — n entspricht, und welche sich nach Formel (51a) S. 23 wie folgt für 1 kg Gase ausdrückt:

$$l_I = \frac{c_p}{A}(T_{2s} - T_u). \quad \ldots\ldots\ldots \quad (148)$$

Dabei ist nach (48a):

$$\frac{T_{2s}}{T_u} = \left(\frac{p'}{p}\right)^{\frac{\varkappa-1}{\varkappa}} = \left(\frac{v_u}{v_{2s}}\right)^{\varkappa-1} \quad \ldots\ldots\ldots \quad (149)$$

Für den eigentlichen Arbeitsprocess gilt aber nach Gleichung (140a) S. 66 die Beziehung:

$$\frac{T_{2s}}{T} = \left(\frac{p_1}{p_{1s}}\right)^{\frac{\varkappa-1}{\varkappa}},$$

es folgt hieraus, in Verbindung mit (148):

$$T_u = T\left\{\frac{p}{p'}\,\frac{p_1}{p_{1s}}\right\}^{\frac{\varkappa-1}{\varkappa}} \quad \ldots\ldots\ldots \quad (150)$$

Da nun $T_u < T$ sein soll, damit eine Kühlwirkung stattfinde, so muss:

$$\frac{p'}{p} > \frac{p_1}{p_{1s}}. \quad \ldots\ldots\ldots \quad (151)$$

Die Kälteleistung ist dabei:

$$W_u = c_p\,(T - T_u)\,, \quad \ldots\ldots\ldots \quad (152)$$

bei gegebener Endtemperatur T_u kann also aus (149) das Verhältniss $\frac{p_1}{p_{1s}}$ ausgerechnet werden, d. h. es bestimmt sich daraus der Endpunkt der Verbrennung.

Da die Luft nunmehr zu Kühlzwecken dient und entfernt wird, so ist ein neues, gleich grosses Quantum aus der Atmosphäre in die Maschine einzuführen; dasselbe ist nach n — y (Fig. 12) anzusaugen, dann nach y — z adiabatisch zu komprimiren, wobei die Temperatur T_0 werde, endlich nach z — a unter konstantem Druck hinauszuschieben unter gleichzeitiger Kühlung bis auf die atmosphärische Temperatur T, wo dann wieder der Anfangszustand a erreicht ist. Eigentlich ist in 2_s der Kreisprocess der Kühlung abgeschlossen, auf Rechnung des Kühlprocesses ist also blos:

$$W_O = c_p (T_O - T_{2s}) \quad \ldots \ldots \quad (153)$$

zu entziehen, die weitere Kühlung von T_{2s} auf T, also von Punkt 2_s nach a, gehört zum Arbeitsprocess.

Der ganze Arbeitsaufwand l_{II} zum Ersatz der verlorenen Luft ist durch das Diagramm n — y — z — b dargestellt und beträgt nach Analogie von vorhin:

$$l_{II} = \frac{c_p}{A} (T_O - T), \quad \ldots \ldots \quad (154)$$

wobei ähnlich wie vorhin abzuleiten ist, dass:

$$\frac{T_O}{T} = \frac{T_{2s}}{T_u}, \quad \ldots \ldots \quad (155)$$

oder:

$$\frac{T_O - T}{T_{2s} - T_u} = \frac{T}{T_u} = \frac{T_O}{T_{2s}}. \quad \ldots \ldots \quad (156)$$

Die Arbeit l_{II} zum Luftersatz ist grösser als die l_I, welche die Abgase noch leisteten; die Differenz beider ist durch das vertikal schraffirte Diagramm veranschaulicht und beträgt:

$$l = l_{II} - l_I = \frac{c_p}{A} \left\{ T_O - T - T_{2s} + T_u \right\} = \frac{c_p}{A} (T_O - T) \left\{ 1 - \frac{T_u}{T} \right\}. \quad (157)$$

Das Verhältniss beider ist:

$$\frac{l_I}{l_{II}} = \frac{T_u}{T} = \frac{T_{2s}}{T_O}. \quad \ldots \ldots \quad (158)$$

Die Differenz der zu- und abgeführten Wärme ist:

$$W_u - W_O = - c_p (T_O - T - T_s + T_u), \quad \ldots \quad (159)$$

also das genaue Aequivalent der Arbeitsdifferenz nach Gleichung (156).

Endlich ergiebt sich:

$$\frac{A (l_{II} - l_I)}{W_u} = \frac{A\,l}{W_u} = \frac{c_p (T_O - T)}{T} = c_p \frac{T_{2s} - T_u}{T_u}. \quad (160)$$

Soll nun die Kältemaschine sich selbst treiben können, so muss die Arbeit L des Arbeitsprocesses (also das schräg schraffirte Diagramm) mindestens gleich sein dem Werthe $l = l_{II} - l_I$ (vertikal schraffirtes Diagramm). Ist ausser der Kälteerzeugung noch Arbeitsüberschuss zu anderen Zwecken erforderlich, so muss:

$$L > l_{II} - l_I.$$

Diskussion der Formeln.

Beide Fälle sind praktisch vollkommen durchführbar und obige Formeln geben alle Anhaltspunkte zur Bestimmung der Maschinendimensionen für vorgeschriebene Kälte- und Arbeitsleistungen. Es ist hervorzuheben, dass das vertikal schraffirte Diagramm in Textfig. 12 vollkommen identisch ist mit dem Diagramm der bisher bekannten Kaltluftmaschinen (Windhausen, Giffard etc.), und dass daher die zu leistende Arbeit des Motors um nichts abweicht von der bei jeder Kaltluftmaschine zu leistenden Arbeit für gleiche Kälteleistung. Deshalb sind obige Formeln theilweise identisch mit den längst bekannten für genannte Maschinen aufgestellten Gleichungen. Soweit das vertikal schraffirte Diagramm in Betracht kommt, ist der Vorgang auch derselbe wie bei den Popp'schen Luftdruckmotoren, deren Abluft zu Kühlzwecken benutzt wird.

Man kann auch die Kompression der Ersatzluft isothermisch, unter Wassereinspritzung, nach y—a vornehmen, wodurch, wie leicht ersichtlich, die Nutzarbeit grösser, die Ersatzarbeit geringer wird, was den ganzen Process wesentlich günstiger gestaltet.

Principiell unterscheidet sich eine solche Kältemaschine in Nichts von einem Motor mit mehrstufiger Kompression und Expansion. Das schräg schraffirte Diagramm wird im kleinen oder Verbrennungscylinder durchgeführt, das vertikal schraffirte im grossen Cylinder. — Da die abgehende, kalte Luft mit Verbrennungsgasen gemischt ist, so wird sie im Allgemeinen wegen ihres Geruches etc. nicht direkt zu Kühlzwecken nutzbar sein, sondern nur indirekt in einem Oberflächenkühler; es hat dies jedoch keine Nachtheile, da in neuerer Zeit bei den Kaltluftmaschinen gerade dieses Mittel vorgeschlagen wurde, um stets mit derselben Luft zu arbeiten und so die Nachtheile der Schneebildung (aus dem Wasserdampf der Luft) zu vermeiden. Wir wissen ja auch, dass die Geschlossenheit der Maschine wesentliche Verkleinerung der Dimensionen zulässt. Zeuner, Thermodynamik I., S. 380, spricht sogar aus, dass der Vergleich der geschlossenen Kaltluftmaschine mit den Kompressionskältemaschinen für erstere weit weniger ungünstig ausfallen würde als für die bisher ausschliesslich konstruirten offenen Maschinen. Der Oberflächenkühler kann auch ersetzt werden durch einen Mischapparat, welcher die gekühlten Gase mit der zu kühlenden Flüssigkeit (Salzsoole oder dergl.) durch Einspritzung oder durch Regenbildung oder durch Durchblasen der Luft in feinen Strahlen durch die Flüssigkeit hindurch in innige Berührung bringt, worauf die Luft, nachdem sie ihre Kälte abgegeben hat, den Kreisprocess in der Maschine von Neuem beginnt.

Resultat für die Praxis.

Ohne weiter auf diese Frage einzugehen, wollen wir uns mit diesen Andeutungen begnügen, fügen aber noch hinzu, dass die theoretische und konstruktive Verfolgung dieses Problems sehr zu Gunsten dieser Art von Kältemaschinen spricht. Dieselbe vereinigt die Kälteerzeugung mit Arbeitsleistung in einer einzigen Maschine, deren Wartung sehr einfach ist und welche keiner chemischen Agentien bedarf. — Da die in Fig. 13 schräg schraffirte motorische Arbeit nur geringe Bruchtheile des Brennstoffquantums erfordert, welches die heutigen Motoren verzehren, so ist eine Kälteerzeugungsmaschine der eben geschilderten Art sicher ökonomischer im Betrieb als die heute bekannten Kühlmaschinen, welche mit gewöhnlichen Motoren getrieben werden. — Ein Vergleich in dieser Weise ist aber unzulässig; um richtig zu vergleichen muss man auch die übrigen Kühlmaschinensysteme mit dem neuen Motor betrieben denken. Die Entscheidung dieser Frage kann indess nur durch praktische Versuche erfolgen.

Achter Abschnitt.

§ 19. Anwendungen des Motors.

Die Vortheile

dieses Motors sind augenfällig; durch den Wegfall der Kessel, Schornsteine, offenen Feuerungen, durch seine Kleinheit und Einfachheit ist derselbe allem Bestehenden gegenüber derart im Vortheil, dass dies allein einen Ersatz der bestehenden Motoren durch den neuen rechtfertigen würde. Dazu kommt die Brennmaterialersparniss, welche nicht nur für den Einzelnen, sondern für die Gesammtheit von so hoher Bedeutung ist, dass ihr der Hauptwerth beizumessen wäre, selbst wenn der Motor komplicirter ausfiele als die bekannten.

Neben obigen Punkten sind noch besonders hervorzuheben: die Unabhängigkeit des neuen Motors von einer Centralen (Gas-, Wasser-, Elektricitäts-Werke etc.), seine unbeschränkte Aufstellbarkeit, seine Transportfähigkeit, seine geringen Dimensionen. Alle diese Eigenschaften lassen den neuen Motor berufen erscheinen, wesentliche Umwälzungen in der Technik herbeizuführen, wovon einige hier kurz berührt werden mögen.

1. Maschinen für die Grossindustrie.

Es ist hier dem bereits Gesagten nichts zuzufügen, da die Vortheile der Brennmaterialersparniss und der Abschaffung von Kesseln, Schornsteinen und offenen Feuerungen ohne Weiteres übersehbar sind.

2. Maschinen für die Kleinindustrie.

Der neue Motor wird für kleine Kräfte ungemein klein und leicht; für die ganz kleinen Leistungen wird er in seiner Leichtigkeit und Transportfähigkeit fast den Nähmaschinen vergleichbar; da er überdies einfach ist und nicht mehr Wartung und Verständniss erfordert als Elektro- und Gasmotoren, so ist nicht ausgeschlossen, dass der neue Motor der Entwickelung der Centralen für Kraftvertheilung entgegentrete.

Und darin liegt ein grosser Vortheil. Es ist zweifellos besser, die Kleinindustrie möglichst zu decentralisiren, sie auf die Umgebung der Städte, selbst auf das Land zu verweisen, statt dieselbe in grossen Städten, möglichst kompakt zusammengepfercht, ohne Luft, Licht und Raum, zu centralisiren.

Dieses Ziel kann aber nur eine unabhängige, einfach zu bedienende Maschine, wie die vorgeschlagene, erreichen. — Zweifellos kann durch den neuen Motor der Kleinindustrie eine gesundere Entwickelung gegeben werden, als die bisher angestrebte, welche wirthschaftlich, politisch, humanitär und hygienisch falsch ist.

Bei der Billigkeit des Betriebes des neuen Motors ist es wahrscheinlich, dass die Amortisation der elektrischen, Luft- oder Gasleitungen, die Verwaltungskosten der Centralen etc. zu gross werden, um den Gewinn zu ersetzen, den der Betrieb eines grossen centralen Motors gegenüber den einzelnen kleinen Motoren aufweist.

3. Lokomotiven.

Hier ist vor Allem wichtig, dass der neue Motor im offenen Zustande keines Wassers bedarf, im geschlossenen Zustande nur ganz minimaler Wassermengen, deren Transport gar nicht in Betracht kommt.

Wie einfach aber eine Lokomotive wird, wenn Kessel und Tender wegfallen und die Brennstoffmenge auf Bruchtheile der heute nöthigen Quantitäten reducirt wird, ist leicht zu übersehen. Deshalb wird der neue Motor auf das Transportwesen eine ähnliche Decentralisation ausüben können wie auf die Kleinindustrie.

Wir haben heute lange Eisenbahnzüge, nur um die schweren Lokomotiven auszunutzen, weil dieselben nicht anders gebaut werden können. In einem Zuge sind deshalb die verschiedenartigsten Zwecke vereinigt, jede Person, jedes Gut hat einen andern Zweck, eine andere Bestimmung, und doch ist alles vereinigt. Die Güterexpedition ist so ungemein langsam wegen des Bedürfnisses, ganze Wagen oder ganze Züge von Waaren zu sammeln, um die Lokomotiven auszunutzen.

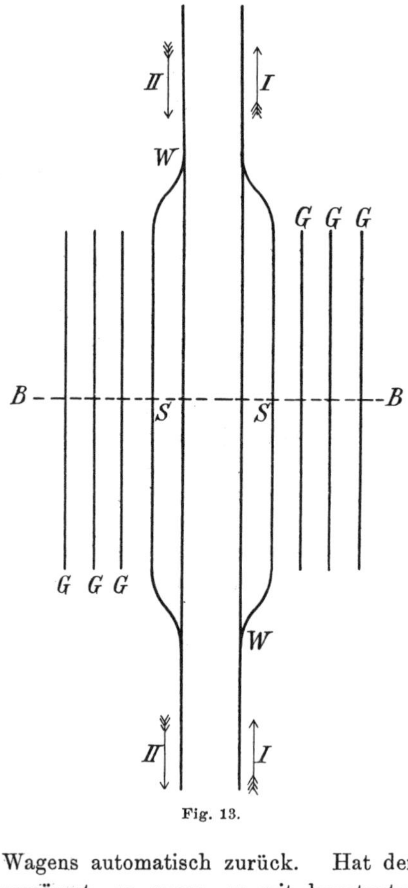

Fig. 13.

Das Umgekehrte ist richtig. Auf den Bahnen muss gleichsam jeder einzelne Wagen einem besonderen Zweck dienen und sich unabhängig von anderen Bedürfnissen als seinen eigenen bewegen können. Deshalb würde ein richtiges Eisenbahnwesen wie folgt sich gestalten müssen.

Jeder einzelne Eisenbahnwagen wird mit seinem eigenen Motor versehen (was mit der vorgeschlagenen Maschine leicht durchführbar). Personen, Güter, Postwagen etc. verkehren alle mit gleicher Geschwindigkeit.

Die Bahn besteht aus zwei Schienensträngen, Textfig. 13, wovon I nur in der einen Richtung, II nur in der andern Richtung befahren wird. Beide Stränge haben an keiner Stelle der Bahn, wie lang sie auch sein mag, irgend eine Kommunikation unter sich. Zusammenstösse sind also unmöglich.

An der Station ist eine Weiche W, welche zu einem Seitengeleise führt. Diese Weiche wird vom Führerstand der Maschine aus eingestellt und tritt nach Einfahrt des Wagens automatisch zurück. Hat der Führer das Einstellen der Weiche versäumt, so muss er mit konstanter Geschwindigkeit bis zur nächsten Station weiter fahren und dort auf dem anderen Geleise zurückkehren, denn auf dem Schienenstrang selbst darf unter keinen Umständen angehalten werden.

Durch das Eintreten in die Weiche W tritt automatische Bremsung des Wagens ein (durch eine am Bahnkörper angebrachte, vom Maschinisten unabhängige Vorrichtung), so dass der Wagen ganz von selbst in der Gegend S stehen bleibt; hier tritt er auf eine Brücke, auf welcher er hydraulisch, hoch über den Hauptgeleisen, oder unter denselben weg, in einem Tunnel, auf eines der Nebengeleise G G G gebracht wird, wo Aussteigen, Abladen etc. stattfindet. Zur Rückfahrt bringt dieselbe hydraulische Vorrichtung die Wagen auf das gegenüberliegende Weichengeleise, von wo aus der Wagen auf dem anderen Schienenstrang zurück fährt.

Es wurde schon erwähnt, dass alle Wagen mit gleicher Geschwindigkeit hintereinander fahren. Damit nie ein Hinterwagen in den Vorderwagen fährt, müssen die Schienen (oder eine seitliche Drahtleitung) elektrische Verbindung der Wagen herstellen und zwar so, dass bei Annäherung der Wagen über das zulässige Maass wiederum automatisch (durch Elektricität) eine Bremse in Thätigkeit tritt, bis die Distanz wieder hergestellt ist.

Auf diese Weise können nie Unglücksfälle entstehen.

Jeder Wagen fährt ohne Unterbrechung und ohne Station zu machen direkt an sein Ziel. Güter werden ebenso schnell befördert wie Menschen; Post-, Güter- und Menschenverkehr sind gänzlich von einander getrennt. Der Grossverkehr bekommt Aehnlichkeit mit dem Tramwayverkehr der Städte. Die Bahnen werden viel leistungsfähiger.

Es braucht nicht hervorgehoben zu werden, dass zur richtigen Durchführung des Systems Abzweigungen und Kreuzungen nur in den Stationen stattfinden dürfen.

4. Strassenbahnen, Fuhrwerk.

Es leuchtet ein, wie ungemein verwerthbar für diese Zwecke der neue Motor ist, der keine Feuerung, keine Kessel, keinen Rauch zeigt, und nur geringer Kohlenvorräthe und gar keines Wassers bedarf. Es scheint auch hier eine erfolgreiche Konkurrenz mit dem elektrischen Betriebe möglich. — Der Motor lässt sich fast ohne Aenderung an die bestehenden Pferdebahnwagen anbringen; ja auch an anderem Fuhrwerk ist er leicht anbringbar.

5. Schiffsmaschinen.

Die neueren gewaltigen Schiffsmaschinen nehmen $^4/_8$—$^5/_8$ des Schiffsraumes ein. Das Gewicht der Maschinen, Kessel und der Kohle beanspruchen den grössten Theil der Tragfähigkeit des Schiffes. — Wie viel hier durch kleinere Maschinen, geringen Kohlenkonsum, Abschaffung der

Kessel zu gewinnen ist, lässt sich kaum absehen. — Die Schiffe können trotz ebenso kräftiger Maschinen viel kleiner ausfallen und doch mehr nützliche Last tragen und schneller gehen.

Neunter Abschnitt.

§ 20. Schlussbemerkungen.

Auf das Unterscheidende des neuen Motors gegenüber den jetzt bekannten Wärmekraftmaschinen ist im Laufe dieser Schrift an mehreren Stellen hingewiesen worden; es bietet jedoch ein gewisses Interesse, gerade hierüber eine übersichtliche Zusammenstellung vor Augen zu führen.

Auf S. 46 wurden die charakteristischen Merkmale des neuen Arbeitsverfahrens, wie sie sich aus der Verbrennungstheorie ergaben, zusammengestellt. — Wegen deren Wichtigkeit wiederholen wir dieselben hier wörtlich:

1. Herstellung der höchsten Temperatur des Processes (der Verbrennungstemperatur) nicht durch die Verbrennung und während derselben, sondern vor derselben und unabhängig von ihr, lediglich durch mechanische Kompression reiner Luft (bezw. einer Mischung von Luft mit indifferenten Gasen oder Dämpfen).
2. Allmähliche Einführung fein vertheilten Brennstoffes in diese hoch komprimirte und dadurch hoch erhitzte Luft während eines Theiles des Kolbenrückganges in der Weise, dass durch den eigentlichen Verbrennungsprocess keine Temperatursteigerung der Gasmasse eintrete, dass also als Verbrennungskurve möglichst nahe eine Isotherme entstehe. Die Verbrennung darf also nach der Zündung nicht sich selbst überlassen bleiben, sondern es muss während ihres ganzen Verlaufes ein steuernder Einfluss von aussen stattfinden, welcher das richtige Verhältniss zwischen Druck, Volumen und Temperatur herstellt.
3. Richtige Wahl des Luftgewichtes G im Verhältniss zum Heizwerth des Brennstoffes nach Formel (144) unter vorheriger Feststellung der Kompressionstemperatur T_1 (welche gleichzeitig Verbrennungstemperatur ist) derart, dass der praktische Gang der Maschine, die Schmierung etc. ohne künstliche Kühlung der Cylinderwände möglich ist.

Es braucht nicht besonders erwähnt zu werden, dass in Praxis diese Bedingungen nicht mit mathematischer Schärfe durchführbar sind; in ausgeführten Maschinen runden sich die Ecken der Diagramme mehr oder weniger ab, der Verlauf der Verbrennung ist nicht absolut eine reine Isotherme u. s. w., es kann sogar unter Umständen durch die Verbrennung eine geringe Temperatur- oder Drucksteigerung eintreten; die Hauptsache bleibt, dass diese Steigerung im Vergleich zu der durch vorherige Kompression erzeugte Druck- und Temperatursteigerung nur gering sei. Diese rein praktischen Abweichungen ändern jedoch nicht das Wesen des Vorganges.

Im Folgenden wollen wir nun die bestehenden Wärmemotoren im Lichte obiger 3 Bedingungen untersuchen:

I. Dampfmaschinen.

Die Ausnutzung des Brennstoffes in denselben entspricht keiner der genannten Bedingungen; alles an der hier üblichen Verbrennungsart ist unrichtig, sowohl die Art der Wärmezufuhr bei steigender Temperatur erst an die Verbrennungsluft, dann an den Dampf, als die zur Verbrennung verwendete Luftmenge etc. Dazu kommt der Verlust der offenen Feuerung durch Strahlung und Leitung, die Zugerzeugung durch einen Schornstein, wodurch von vornherein 20—30% Wärme geopfert sind. — Es ist daher nur natürlich, dass diese Maschinen, selbst in ihrer vollkommensten Form, nur 7—8% der ganzen Wärme effektiv in Arbeit verwandeln (siehe Zeuner, Thermodynamik I., S. 386).

II. Heissluftmaschinen.

Zunächst haben dieselben von vornherein den Verlust von 20 bis 30%, welchen jede offene Feuerung ergiebt. — Dann ist es unmöglich, die erforderlichen Kompressionen in Cylindern herzustellen, welche von aussen geheizt werden und oft der Rothgluth nahe sind. Dann findet die Wärmezufuhr in Folge der auf die Cylinderwände beschränkten Heizfläche ungenügend und unrichtig statt, desgleichen die Wärmeabfuhr; endlich müssen die Organe künstlich gekühlt werden, um sich zu erhalten. Diese Art von Maschinen hat noch geringere Resultate ergeben als die Dampfmaschinen.

III. Feuerluftmaschinen.

Auch hier können die erforderlichen Kompressionen nicht hergestellt werden, weil man im Innern eines Ofens, der mit glühendem Brennstoff gefüllt ist, überhaupt nur geringe Drucke erhalten kann. — Ferner findet die Temperaturerhöhung der Luft durch die Verbrennung und während derselben statt, die Verbrennungskurve ist also nicht entfernt einer Isotherme vergleichbar, sie ist vielmehr eine Linie konstanten Druckes bei stark steigender Temperatur; endlich ist das Luftgewicht im Verhältniss zum Brennstoffgewicht radikal unrichtig, da in einem geschlossenen Ofen jedes Lufttheilchen immer glühenden Brennstoff vorfindet, wodurch die Luftmenge fast genau die theoretisch zur Verbrennung nöthige ist; die Verbrennungsgase enthalten so viel wie keinen Luftüberschuss als Vehikel für die Wärme. Auch hier müssen Ofen- und Cylinderwände energisch gekühlt werden. Bei diesen Maschinen ist also ebenfalls das Gegentheil dessen vorhanden, was die Theorie verlangt, und es ist kein Wunder, dass auch sie nicht bessere Wärmeausnutzung ergaben als die Dampfmaschinen, wenn auch einer der Hauptfehler, die offene Feuerung, schon beseitigt ist.

IV. Gas- und Petroleummotoren.

Es wurde schon nachgewiesen, dass bei Mischung von Brennstoff und Luft die Kompression des Gemisches nicht hoch getrieben werden kann, da unterwegs Zündung eintritt, wodurch der nach der Theorie vorgeschriebene Kompressionsgrad nicht erreicht werden kann; ferner findet in Folge der Mischung die Verbrennung plötzlich statt; nach der Zündung ist die Verbrennung sich selbst überlassen, so dass die Volumen- und Druckverhältnisse unrichtig werden; es findet immer durch die Verbrennung eine gewaltige Temperatursteigerung statt, welche zu energischer Kühlung der Cylinderwände zwingt. — Endlich hat die Mischung den Nachtheil, dass man nicht entfernt die theoretisch vorgeschriebene Luftmenge anwenden kann, weil bei etwas grossen Luftmengen die Zündung des verdünnten Gemisches nicht mehr vor sich geht.

Auch bei den Gasmotoren ist daher die Verbrennung in allen Punkten unrichtig; sie ist nur gegenüber den Feuerluftmaschinen insofern verbessert, als etwas höhere Kompressionen und grössere Luftgewichte möglich sind, beides jedoch nicht im verlangten Maasse. — Wenn daher die Gasmotoren bessere Resultate ergeben haben als die Dampfmaschinen (bis zu 20% Wärmeausnutzung), so ist das nur im geringeren Grade einer besser geleiteten Verbrennung zuzuschreiben, der Hauptsache nach aber der Abwesenheit einer offenen Feuerung oder eines besonderen Ofens. Auch bei denjenigen Gasmotoren, welche das brennbare Gemisch bis zur Selbstzündung komprimiren, ist die eigentliche Verbrennung sich selbst überlassen und bringt die enorme Temperatursteigerung mit sich, welche die Hauptquelle aller Verluste ist.

Auch solche Motoren, welche reine Luft komprimiren und gegen Ende der Kompression plötzlich das Brennmaterial unter Zündung einspritzen, zeigen die Drucksteigerung verbunden mit bedeutender Temperatursteigerung, welche nach der Verbrennungstheorie zu vermeiden ist, und erzeugen also die Verbrennungstemperatur nicht durch Kompression, sondern durch Verbrennung, sie wiedersprechen also den Bedingungen 1 und 2 von vornherein durch ihr Verfahren, und praktisch auch der Bedingung 3, weil sie Wasserkühlung haben.

Endlich giebt es noch eine Art von Gasmotoren, welche das entzündliche Gemisch in ein besonderes Gefäss hineinkomprimiren, aus welchem es unter konstantem Druck in den Arbeitscylinder überströmt, indem es gleichzeitig über eine ständig brennende Zündvorrichtung streicht, also verbrennt, worauf es noch bis auf atmosphärischen Druck expandirt. — Scheinbar bietet die so hervorgerufene allmähliche Verbrennung Aehnlichkeit mit Punkt 2 unserer Vorschriften, jedoch nur scheinbar, denn dieser Vorgang genügt weder der Bedingung 2, noch den anderen von uns aufgestellten Grundbedingungen einer rationellen Verbrennung. — Zunächst ist ein brennbares Gemisch vorhanden, wodurch, wie bereits mehrfach erwähnt, es unmöglich wird, die Verbrennungstemperatur der Hauptsache nach durch Kompression herzustellen, die Hauptbedingung ist daher nicht erfüllt und nicht erfüllbar. Ferner findet die Verbrennung, wenn auch nicht plötzlich, sondern allmählich, unter stark ansteigender Temperatur statt, wodurch Bedingung 2 unerfüllt bleibt; endlich sind auch hier die beigemischten Luftmengen wegen der Möglichkeit der Zündung lange nicht so gross wie nöthig, es ist also Bedingung 3 nicht verwirklicht. — Dieser Vorgang hat keine Analogie mit der allmählichen Einführung von Brennstoff unter Wahrung konstanter Temperatur in ein durch Kompression auf die Maximaltemperatur erhitztes Luftquantum. — Es ist vielmehr im Grunde genau derselbe Vorgang wie in den Feuerluftmaschinen (Verbrennung eines Gemisches von Luft und Brennstoff unter konstantem Druck); nur ist die Luftmenge grösser als bei diesen und der Verbrennungsvorgang ist in den Cylinder verlegt statt in einen Ofen. Es liegen hierin gewiss wesentliche Verbesserungen gegenüber den Feuerluftmaschinen, aber nicht die geringste Annäherung an die rationell geleitete Verbrennung, wie sie in dieser Schrift dargestellt ist.

V. Regeneratoren und andere Mittel, die verlorene Wärme zu benutzen.

Derartige Apparate sind an allen eben aufgeführten Maschinenarten probirt oder vorgeschlagen worden. — Es wurde auf S. 26 u. ff. auf mathematischer Grundlage nachgewiesen, dass vom Regenerator für motorische Zwecke keinerlei Vortheil zu erwarten ist. — Was die Vorschläge betrifft, welche bezwecken, die Wärme des Kühlwassers zur Dampfbildung zu benutzen und den Dampf allein oder mit den Verbrennungsgasen gemischt arbeiten zu lassen, so ergaben dieselben so minimale Vortheile, dass sie meist die zu ihrer Erreichung nöthige Komplikation der Maschine nicht rechtfertigen.

Aus dieser Zusammenstellung geht hervor, dass keine der heute bekannten Wärmekraftmaschinen in ihrem Arbeitsverfahren die Bedingungen einer rationellen Verbrennung auch nur angenähert erfüllt, und es ist deshalb die Hoffnung berechtigt, dass der neue Motor seine Aufgabe, den Brennstoffkonsum so weit zu reduciren, als es nach dem heutigen Stand der Wissenschaft überhaupt möglich ist, auch erfüllen wird.